조선미의 초등생활 상담소

좌절내구력 강한 아이로 키우는

조선미의 초등생활 상담소

조선미 지음

북하우스

세상에 첫발을 내디딘 초등학생을 둔 부모들에게

지금은 서른이 다 된 딸아이가 유치원에 다닐 때 일입니다. 요즘으로는 상상도 못 할 일이지만 당시 아이들은 일 년에 한 번 1박 2일로 캠프를 갔습니다. 공지가 나면 아이들은 설렜고, 엄마들은 불안해하면서도 아이 없는 첫 밤을 은근히 반겼습니다. 안전 때문에 아이를 보내지 않는 집도 있었으나 대부분은 보내는 분위기였지요. 물놀이라면 사족을 못 쓰는 딸아이는 계속 수영장 이야기를 하며 들뜬 모습이었습니다.

어디를 간다고 하면 신났다가도 막상 출발하려면 통곡하는 아이들이 있지요. 아이가 울면 언제라도 집으로 데리고 가려고 했지만 버스는 무사히 떠났습니다. 저녁이 될 때까지는 혼자라는 느낌을 만끽했는데 어둑어둑해지자 초조하고 불안한 마음이 들었어요. 밥을 제대로 먹었는지, 엄마가 없어서 울지는 않았는지, 다치기라도 한 건 아닌지 불길한 상상들이 몰려왔습니다. 심지어 별생각 없이 아이를 보낸 것에 대한 죄책감까지 들었어요.

여덟 시까지 연락이 없어 무슨 일이 생겼구나 할 무렵 원장 선생님에게 전화가 왔습니다. 아이들 저녁을 다 먹이느라 늦게 전화했다며 아무 사고 없이 하루를 보냈다고 하더라고요. 아이를 바꿔주겠다는 말이 끝나자마자 잔뜩 들뜬 아이의 목소리가 들렸어요. "엄마, 나 수영하다 물 먹었어"라며 깔깔대는데 저는 눈물이 왈칵 나며 목이 메었습니다. 목소리가 이상한지 아이는 아프냐고 물었고, 저는 감정을 추스르고 밥은 잘 먹었는지 다친 데는 없는지 물어봤어요.

잘 가서 잘 놀았다는데 왜 눈물이 났을까요? 머릿속으로는 분명 대견하다 여겼는데 마음은 안쓰러웠던 거지요. 엄마를 찾았을 아이의 마음이 참을 수 없이 안타까웠는데, 그런 시간이 아이에게 일 분이나 있었을까 지금도 알 수 없습니다. 이날 이후 아이가 언제 어디를 가도 눈물을 흘리지는 않았습니다. 둘째를 보낼 때는 긴장감 없는 단단한 엄마가 되었지요.

초등학교 입학을 앞둔 아이 엄마들은 저 같은 마음일 겁니다. 이렇게 컸구나 하는 대견함보다는 걱정과 두려움이 더 클 거예요. 학교에서 생길 수 있는 일을 한 장면 한 장면을 떠올리며 '잘해낼까, 못할 것 같은데'를 반복하겠지요. 걱정 때문에 잠을 설치는 엄마들에게 선배로서 위로를 해드릴게요.

“잘하면 대견한 거고, 못하면 배우면 됩니다. 학교는 잘하려고 가는 데가 아니라 무엇을 배워야 할지 알려고 가는 겁니다.”

그렇습니다. 초등학교 시기는 아이가 본격적으로 첫 사회생활을 시작하는 때입니다. 물론 학교에 가기 전 어린이집이나 유치원에서 단체생활을 경험하며 친구들과 놀기 위해서는 자기 마음대로 할 수 없다는 것을 배우긴 하죠. 하지만 단지 하고 싶은 걸 참는 것만으로는 학교생활을 잘하기 어렵습니다. 아이들은 초등학교 생활을 통해 사회적 관계를 맺기 위해서는 합의된 규칙을 따라야 하며, 자신이 남의 눈에 어떻게 보이는지도 신경 써야 한다는 걸 알게 됩니다. 또 초등학교 저학년 때까지는 그룹을 지어 노는 경향은 약하지만, 고학년이 되면 무리 짓기를 시작하기도 합니다.

이 시기는 교과 과정에 따라 학습을 시작하고, 다른 아이들과 자기의 성취를 비교하는 시기이기도 합니다. 이때 평가의 기준에는 학업성취뿐 아니라 좋은 태도와 자율성, 적극성도 포함됩니다.

따라서 이 시기에 가장 필요한 건 사회성과 학습 능력입니다. 이 두 가지가 엄마들의 가장 큰 관심사이자 고민이기도 하지요. 어떤 부모나 우리 아이가 공부도 잘하고 친구들에게 인기 있는 아이이기를 바랍니다.

이에 더해 좋은 습관을 기르고 바르게 자란다면 더할 나위가 없겠죠. 유아기에 시작된 훈육은 초등학교 시기에도 계속됩니다. 이제는 아이가 자기 일을 스스로 할 수 있도록 더욱 독립적으로 훈련할 필요가 있습니다.

동시에 초등학교 시기는 아이의 생활을 관리하기가 더 힘들어지는 시기이기도 합니다. 더 이상 아이를 옆에 끼고 있을 수 없기에 엄마가 통제할 수 있는 영역도 점점 줄어듭니다. 게다가 요즘은 스마트폰이나 인터넷처럼 우리 부모들이 어릴 때는 겪어보지 못한 새로운 문물들이 계속 나오기 때문에 더욱 신경이 곤두섭니다.

보육기관은 돌봄기관입니다. 엄마가 아닌 다른 사람이 아이를 '돌보는' 곳이죠. 그렇지만 학교는 교육이 핵심입니다. 교육이란 인간이 삶을 영위하는 데 필요한 모든 행위를 가르치고 배우는 과정이자 수단입니다. 인간이 삶을 살아가려면 인지적·정서적·사회적 교육이 필수적입니다. 그리고 이 과정이 주로 학교에서 이루어지는 것입니다.

이 책은 초등학생 아이에게 벌어질 수 있는 다양한 문제와 해결 방법을 담았습니다. 실제로 제게 고민 상담을 해온 부모들의 다양한 사례를 바탕으로, 부모가 꼭 알고 있어야 할 아이의 발달 과정과 심리를 다루었습니다.

우선 사회성에 대해 알아볼 것입니다. 사회성의 씨앗은 가정에서부터 뿌려야 합니다. 학교에 가기 전 가족 내에서 좋은 태도를 배운 아이들은 별 어려움 없이 단체생활에 적응합니다. 저는 이것을 목욕물에 비유합니다. 우리가 몸에 딱 맞는 쾌적한 온도의 물에 있다가 갑자기 밖으로 나오면 온도의 차이 때문에 깜짝 놀라고 괴로움을 겪습니다. 집 안의 온도와 집 밖의 온도가 너무 다르면 아이들이 적응하기 힘듭니다. 집 안의 온도를 적절히 조절해주어야 하는 이유입니다.

두 번째로 부모가 관심을 가지는 것은 아이의 학습입니다. 초등학교 때부터 아이의 공부 습관을 잡아주어야 한다고들 합니다. 이 때부터 아이를 공부시키지 않으면 뒤처지지 않을까 과도하게 불안해하는 경우도 많습니다. 그리고 그 때문에 부작용을 겪는 경우도 많지요. 아이가 나이에 맞게, 행복하게 지내면서 학습을 잘 따라가기 위해서는 가장 필요한 것은 무엇일까요? 바로 지루하고 어렵더라도 참고 집중하는 능력입니다. 이 책에서는 아이의 학습 능력과 관련한 여러 문제 상황을 다루면서 해결 방안을 함께 고민해봅니다.

마지막으로 아이의 전반적인 생활과 관련한 여러 문제들입니다. 학교에 간다고 해서 아이들이 갑자기 어른스러워지는 것은 아닙니다. 여전히 서툴고 산만합니다. 적어도 저학년 때까지는 부모가 단계별로 차근차근 가르쳐주고 반복해서 훈련시켜야 합니다.

이런저런 생각을 하다 보면 부모의 마음은 복잡해집니다. 그렇지만 걱정할 필요는 없습니다. 아이는 지금 막 출발선에 섰습니다. 지금부터 잘할 필요는 없습니다. 배울 준비만 되어 있으면 됩니다. 선생님이 가르치는 내용에 집중하고, 내 감정과 함께 다른 아이들의 감정을 수용할 태도를 갖추고 있으면 된다는 뜻입니다.

오랫동안 수많은 부모와 아이들을 만나면서 느낀 것이 있습니다. 비슷한 나이대의 아이를 둔 부모들의 고민은 어느 집이나 비슷하다는 것입니다. 아이마다 양상은 조금 다르더라도 이유와 해결책은 크게 다르지 않습니다. 이 책을 읽다 보면 다른 집 아이들도 우리 아이와 크게 다르지 않고, 다른 엄마들도 나와 비슷한 고민을 안고 살아간다는 걸 알게 될 것입니다. 부디 이 책의 마지막 장을 덮을 때는 아이의 학교생활에 대한 지식은 풍부해지고 마음은 가벼워지길 바랍니다.

차례

프롤로그

1부 초등학교 때 꼭 배워야 할 사회성

2부 초등 아이의 사회생활, 친구 관계

3부 가정에서 가르쳐야 할 사회적 습관

4부 초등학교, 꼭 익혀야 할 공부감각

5부 초등 부모가 많이 고민하는 아이의 마음 질병

에필로그

1부

초등학교 때 꼭 배워야 할 사회성

아이에게
사회성을 익히게 하라

초등학교 입학을 앞둔 아이의 부모가 가장 걱정하는 것이 바로 '사회성'입니다. 사회성을 갖추지 못하면 어른이 돼서도 사람들과 잘 지내지 못할 테니, 걱정이 되는 건 당연합니다. 지금 우리 아이의 사회성이 잘 발달하고 있는 걸까요?

오래전 일이지만, 제가 아이를 키울 때는 아이가 다섯 살이 되면 유치원에 보내는 경우가 많았습니다. 엄마와 충분히 시간을 보내고 집단생활에 안정적으로 적응할 수 있는 게 그때쯤이라고 여겼기 때문입니다. 그렇지만 이제는 일하는 엄마들이 훨씬 더 많아졌기 때문에 출산휴가와 육아휴직 기간이 끝나고 엄마가 복직할 때 어린이집에 가는 아이들이 많습니다.

이 시기에는 안정적으로 아이를 돌봐주는 사람과의 관계가 가장 중요합니다. 이 관계가 안정되면 사회성은 무리 없이 성장합니다. 돌봐주는 사람과의 관계는 사회적 관계가 아니라 애착 관계입니다. 흔히 집단생활을 일찍 시작하면 사회성 발달에 도움이 된다고 생각하는데, 사실은 그렇지 않습니다.

애착이 충분히 형성되지 않은 채 단체생활을 하게 되면 사회성 발달에 오히려 지장이 생기기도 합니다. 그래서 엄마처럼 돌봐주는 사람이 필요한 겁니다. 이때 또래 친구는 그냥 옆에 있는 존재일 뿐 사회성 발달을 촉진시켜주는 존재는 아닙니다.

그런데 사회성이란 대체 뭘까요? 사회성을 외향성과 착각하는 사람도 많습니다. 사회성이 좋은 아이라고 하면 낯선 사람에게 먼저 말을 걸고 항상 많은 사람에 둘러싸여 지내는 걸 떠올립니다. 흔히 '인싸'라고 하는, 친구도 많고 사람들과 잘 어울리는 아이를 사회성이 좋다고 생각하는 거죠.

우리도 직장이나 모임에 가면 다른 사람을 주도하는 사람이 있습니다. 행사 때 앞에 나와서 사회도 보고, 아는 사람도 많고, 활달하고 시끌시끌한 사람이요. 이런 사람에게 사회성이 좋다거나 사람들과 잘 지낸다고 이야기하기 쉽습니다. 하지만 이건 사회성의 개념과는 조금 다릅니다.

친구가 별로 없으면 사회성에 문제 있는 걸까?

아이의 사회성에 문제가 있다고 고민을 토로하는 부모가 많습니다. 그런 부모들에게 어떤 행동을 보고 그렇게 생각하는지 물어보면, 가장 많이 듣는 대답이 '친구가 별로 없어요'입니다. 이런 경우 부모 자신이 자라면서 친구관계를 포함해 대인관계에서 부정적인 경험을 한 경우가 많습니다. 어떤 친구와 놀고 싶었는데 못 놀았다든지, 집단에서 따돌림을 당하는 힘든 일을 겪었던 부모들이 아이의 사회성에 대해 더 많이 걱정하는 것 같습니다.

심리학에서는 이런 현상을 '투사(projection)'라고 합니다. 투사는 실제로는 나의 감정인데 상대가 느낀다고 생각하는, 미성숙한 수준의 방어기제입니다. 어린 나이에 친구 관계에 문제가 있다면 그 경험은 아이에게는 심각하고 고통스러운 감정을 촉발합니다. 그래서 우리 애도 그렇지 않을까 싶어서 더 예민해지는 겁니다.

그런데 이걸 알아야 합니다. 친구가 많은 사람이 사회성이 더 좋을 수는 있지만, 사회성과 친구의 수 사이에 관련성이 그리 높지는 않다는 것입니다. 사회성은 '친구가 얼마나 많으냐'가 아니라, 한두 명이라도 상대방의 입장과 감정을 이해하고 그에 맞춰 교류할 수 있는 능력을 뜻합니다. 소수의 친구라도 관계를 잘 유지하고 깊이 있는 관계를 맺을 수 있으면 됩니다. 친구가 '적어서' 아이가 괴로워하는 게 아니라면 걱정할 필요는 없습니다.

이건 기질일 뿐입니다. 내향형의 사람은 다른 사람의 존재를 그렇게 많이 필요로 하지 않습니다. 외부 자극이 많이 들어오는 걸 불편해하기 때문입니다. 여러 명과 어울리다 보면 오히려 관계에서 생기는 갈등 때문에 더 많은 스트레스를 느낄 수도 있습니다.

사회성이란 내가 살아가는 사회의 구성원으로서 나의 욕구와 사회의 규칙 사이에서 균형을 찾는 법을 배우는 것입니다. 친구를 사귀고 싶어 하면서도 친구와 어울릴줄 모르는 경우, 친구를 사귀더라도 관계를 오래 유지하지 못하는 경우라면 사회성이 부족할 가능성이 큽니다. 그래서 저는 상담할 때 아이들에게 "너는 친구가 몇 명이니?"라고 물어봅니다. 아이가 몇 명이라고 대답하면, 다시 묻습니다.

"친구가 더 있었으면 좋겠어? 아니면 지금 정도면 돼?"

지금 정도면 된다고 하면 그냥 둬도 됩니다. 사회성이 떨어지는 게 아니기 때문입니다.

어떤 아이는 친구가 필요 없다고 말하기도 합니다. 만약 사회적 관계 맺기에 대한 욕구를 느끼지 못하는 경우라면, 사회성 발달과 관련된 장애가 있는지 확인해봐야 합니다. 예를 들어 자폐스펙트럼 장애를 가진 아이들은 사회적 욕구나 관계 형성 능력에 문제가 있습니다. 하지만 친구의 필요성은 크지 않다고 말하면서도 막상 아이들과 어울려야 할 때는 잘 어울린다면 이 경우는 조금 다릅니다. 필요할 때 친구를 만들 수는 있지만 늘 그럴 필요를 느끼는 건 아니니까요. 다시 말하지만, 친구의 '수'가 사회성을 의미하는 건 아닙니다.

초등학교 때 익혀야 할 사회성

그렇다면 사회성이란 대체 무엇일까요? 초등학교 때는 어떤 사회성을 어느 정도나 익혀야 할까요?

사회성이란 한마디로 말하면 '상대의 감정을 공감하고 입장을 이해하는 능력'입니다. 그래서 모든 사람한테 똑같은 태도를 보이는 건 오히려 사회성이 미숙하다는 의미일 수 있습니다. 예를 들어 건강이 나빠진 사람이 있는데 자기 얘기만 한다든가 상대 이야기에 귀를 기울이지 않으면 사회성이 좋다고 말하긴 힘들겠죠.

다른 사람의 감정과 입장을 이해하고, 그 안에서 적절하게 말하고 행동할 줄 알아야 합니다. 친구가 최근에 힘든 일을 겪었다는 걸 알고 있다면, 그 상황을 이해하고 그 맥락에서 대화할 수 있어야 한다는 뜻입니다.

요약하면, 사회성에는 다음과 같은 세 가지 요소가 중요합니다.

첫째, 다른 사람과 관계를 맺고자 하는 욕구입니다.

사회성의 기본 전제는 사회적 관계에 대한 욕구가 있고, 의사소통이 가능하며, 사회적 관계를 유지하는 능력을 갖추는 것입니다.

사회적 관계를 맺고자 하는 욕구는 영아기에 시작됩니다. 아기들은 누군가 자신을 돌봐주어야 살아갈 수 있기에 주양육자에게 관심을 보이고 웃음을 짓고 옹알이로 반응합니다. 즉, 사회성은 애착 관계에서 비롯됩니다.

영유아보육학회에서 부모들을 대상으로 어느 때 아이의 사회성에 대해 걱정하는지 조사한 결과가 있습니다. 응답은 '어른에 대한 공경이 부족할 때', '자기 의사를 잘 표현하지 못할 때', '공공장소에서 버릇없는 행동을 할 때' 순으로 나타났습니다. 이를테면 엘리베이터에서 이웃을 만났는데 아이가 인사를 안 하면 사회성이 걱정된다는 겁니다. 규칙과 질서, 예의를 잘 지키는 것을 사회성으로 인식하는 경우가 많음을 알 수 있습니다.

보통 아이가 세 살이 넘으면 자주 만나는 이웃을 알아볼 수 있고 인사를 할 수 있다고 합니다. 하지만 그건 아이마다 다릅니다. 이때까지만 해도 아이는 부모의 영역에 속해 있기에 자주 만난다는 것만으로 중요한 사람이라고 느끼지는 않습니다. 그런데 부모가 엄격한 표정으로 인사를 강요한다면 어떨까요? 불편하고 싫은 느낌이 듭니다. 수줍음이 많은 아이라면 이런 상황이 더욱 힘듭니다. 누군가의 시선을 받는 것만 해도 불편한데 눈을 맞추고 인사까지 해야 한다면, 인사의 참다운 의미는 모르는 채 피하고 싶은 느낌만 들 수 있습니다.

다른 사람을 만났을 때 인사를 해야 한다는 것을 본격적으로 배우는 것은 초등학교에 들어갈 무렵입니다. 이때 친밀감이나 익숙함을 느끼지 못하는 사람에게도 인사를 해야 한다고 하면 초반에는 부담스럽게 느낄 수 있습니다. 만약 아이가 그런 성향이라면 친밀한 사람, 아파트 엘리베이터에서 만나는 이웃에게서 시작해 점차 그 범위를 넓혀가는 게 좋습니다. 이때, 중요한 것은 인사를 했을 때 칭찬해 주는 것입니다.

둘째, 감정이입에 기반한 의사소통입니다.

감정을 이입한다는 건 상대방 감정이 어떤지 안다는 것입니다. 실험에 의하면, 여러 아기들이 있는 신생아실에서 한 아기가 울면 다른 아기들도 운다고 합니다. 다른 사람의 감정과 내 감정이 통하는 것이죠.

인간에게는 거울 뉴런이라는 것이 있습니다. 거울 뉴런은 행동을 따라 하게 하는 뉴런입니다. 운다는 행동은 일종의 표현입니다. 그러니까 이 행동을 따라 하면서 그 비슷한 감정을 느끼게 되는 것입니다.

그래서 아이의 감정이입 능력을 키워주는 중요한 대상은 대부분 시간을 함께하는 엄마입니다. 아이가 어떤 감정을 표현하면 엄마가 바로 알아차립니다. 엄마가 자신에게 계속 감정이입을 해서 돌보는 경험을 통해 아이는 감정이 같다는 게 어떤 건지를 자연스럽게 배우게 됩니다.

이 시기를 공생 시기라고 합니다. 엄마가 기분이 좋으면 아이는 자신도 기분이 좋다고 생각합니다. 반대로 엄마가 기분이 나쁘면 자신도 모르게 기분이 나빠집니다. 엄마가 울면 아이도 따라 우는 경험을 누구나 해봤을 것입니다.

그러나 이처럼 완벽한 공생 관계는 영아기 때 가능한 것이며, 대략 두 돌 무렵부터 아이는 엄마와 분리되어 자율적이고 독립적인 개체가 됩니다. 엄마가 뭐라고 하든 '싫어!'라고 부정적인 반응이 나오는 '미운 세 살'이라는 시기는 사실 아주 큰 의미가 있습니다. '미운 세 살'은 엄마와 나의 감정이 하나인 줄 알았는데 사실은 다르다는 걸 아이가 배워나가는 시기입니다.

이처럼 사회성은 엄마, 그러니까 주 양육자를 통해 거의 다 배운다고 생각하면 됩니다. 그다음은 가족입니다. 서로 돕고 타협하는 능력은 엄마한테서만 배울 수 있는 것은 아닙니다. 이 능력은 형제 관계를 비롯한 친척, 이웃 등 다른 관계를 통해 익힐 수 있습니다.

셋째, 협동과 타협을 통한 관계 유지입니다.

협동과 타협의 기초는 경쟁과 다툼을 해결하는 과정에서 배웁니다. 초등학교에 가는 가장 중요한 이유 중 하나가 이것을 배우기 위해서죠. 협동은 왜 할까요? 내가 하나 갖고 싶은데 하나를 다 가질 수 있다면 협동과 타협이 필요 없습니다. 하나가 있는데 둘 이상이 그 하나를 원할 때 협동과 타협이 필요합니다.

타협이나 협동은 운동경기에서 이긴 선수와 진 선수가 얼싸안는 것처럼 아름다운 것이 아닙니다. 타협과 협동의 시작은 '내가 다 해낼 수 없구나. 내가 다 가질 수 없구나'라는 좌절을 받아들이는 것입니다. 혼자 다 가질 수 있다면 그런 생각을 할 필요가 없습니다.

형제나 또래 아이들과 다투는 건 이런 타협의 과정이자 성장할 준비가 되었다는 징표입니다. 주의력결핍과잉행동장애(ADHD)를 가진 아이 중 상당수가 사회성이 떨어지는데, 이는 사회성을 배울 만큼 뇌가 준비되어 있지 않기 때문입니다. 주의의 폭이 좁기에 사회적 관계를 맺거나 유지하는 데 필요한 단서들을 잘 보지 못하거든요. 예를 들어 세 명과 함께 있다면 세 명을 다 보고 각자가 뭘 원하는지, 뭘 마음에 안 들어 하는지를 보고 거기에 맞게 행동해야 합니다. 그런데 이 아이들은 주의가 자신에게만 향해 있습니다.

이를 '터널 비전(tunnel vision)'이라고 합니다. 멀리 있는 터널 끝만 볼 뿐 중간에 무엇이 있는지는 보지 못하는 현상을 뜻합니다. 이런 아이들이 '자기 마음대로 한다'라든지 '배려가 없다'라는 말을 많이 듣습니다. 하지만 이는 인성의 문제라기보다는 주의를 기울일 수 있는 폭이 좁고 그 시간이 짧기 때문에 드러나는 일종의 증상입니다. 따라서 주의력결핍과잉행동장애를 가진 아이들은 대부분 사회성이 좋지 않아 학교생활에 어려움을 겪습니다.

나만 아는 아이로 키우지 않는 중요한 시기

사회성은 초등학교 생활에 큰 영향을 미칩니다. 초등학생 시기는 주 양육자와 맺은 애착 관계를 기반으로 자립심이 성장하고 감정이입 능력을 키우는 시기이기 때문입니다. 이 능력은 친구를 만드는 데 필수적입니다. 1학년 아이들에게 친구가 무엇인지 물어보면 '같이 노는 아이'라고 대답합니다. 이 무렵에는 순서를 지키고 규칙을 마음대로 바꾸지 않는 것만으로도 친구를 사귈 수 있습니다.

그렇지만 3학년부터는 대답이 조금 복잡해집니다. '내가 좋아하고, 나를 좋아하며, 필요할 때 옆에 있어주는 사람'을 친구라고 합니다. 요즘 상담하다 보면, 기분이 내키지 않는다며 선생님 지시를 무시하는 아이도 있고, 지시하는 말투가 듣기 싫다면서 저항하는 아이도 있으며, 심지어 수업시간에 무엇을 할지 마음대로 정하려는 아이도 있습니다.

고학년 이야기라고 생각할 수 있지만, 1학년 아이의 사례입니다. 이런 아이들이 고학년이 됐을 때 공통적으로 보이는 특성이 있습니다. 친구들이 자신과 놀아주지 않는다며 아이들 모두를 적으로 돌리고 피해의식을 느낀다는 것입니다. 이런 아이들과 상담하면서 '네 행동이 다른 아이들을 불편하게 하니까 아이들이 너와 놀고 싶지 않은 거 아닐까?'라고 말하면 화를 냅니다. 자신을 비난한다고 받아들이고, 심지어 저를 비난하기까지도 합니다.

아이들은 서로에 대해 예리한 심판자입니다. 누구를 친구로 삼느냐는 학교생활에서 아주 중요한 부분입니다. 따라서 아이의 사회성이 걱정된다면 우리 아이가 '자기만 아는 아이'가 아닌지 반드시 확인해보시기 바랍니다.

칭찬이 반드시 자존감을 높여주는 것은 아니다

아이를 키우는 부모라면 누구나 아이가 '자존감'이 높은 사람으로 자라기를 바랍니다. 그러려면 자존감에 대해 제대로 아는 게 중요합니다. 다른 개념들과 함께 설명하면 더 쉽게 이해할 수 있을 겁니다.

자존감은 '스스로를 존중하는 마음'입니다. 누가 나를 평가해주는 게 아니라 스스로 '나는 가치 있는 사람이야', '나는 괜찮은 사람이야'라고 느끼는 마음입니다. 이런 사람들은 다른 사람의 시선이나 평가에 영향을 덜 받습니다. 실패하더라도, 남에게 비난받더라도 이것이 한때의 경험일 뿐 근본적인 자신의 가치를 떨어뜨린다고 여기지 않는 것입니다. 자존감이 일종의 완충 작용을 해줘 현실에서 일어나는 여러 일을 비교적 수월하게 받아들이고 다시 노력할 수 있게 해주는 거죠.

자존감이 높은 사람은 긍정적이고, 자기 능력을 신뢰하며, 열심히 노력하고, 자신을 사랑합니다. 또 나를 존중하기 때문에 다른 사람도 똑같이 존중합니다. 그래서 자존감이 높은 사람은 자신감 있으면서도 겸손하고 남을 존중하는 모습을 보입니다. 보통 안정적이고 예의 바른 인상을 주지요.

누구나 자존감이 떨어지는 순간이 있다

그런데 자존감이 높은 사람도 자존감이 떨어지는 순간이 있습니다. 크게 두 가지 경우입니다. 하나는 우울증이 생겼을 때입니다. 우울증에 걸린다는 게 자존감 상하는 일이라는 뜻이 아닙니다. 우울증 안에 자존감 저하라는 증상이 있습니다. 그래서 어느 날 갑자기 자존감이 뚝 떨어집니다. 내가 잘하는 것도 없고 무가치하다는 생각이 드는 겁니다.

우울증은 우리 뇌에 영향을 미쳐 신경전달물질을 변화시키기 때문에 자신에 대한 생각도 달라집니다. 그러니까 우울증은 우울하게 느끼는 병이면서 자존감을 깎아먹는 병이라고 할 수 있습니다.

좀 무섭지 않나요? 내가 아무리 무언가를 잘하고 남들이 칭찬을 하더라도, 나는 계속 별 볼 일 없는 사람인 거예요. 이렇게 자존감이 떨어지면 어떻게 될까요? 노력하려 해도 기운이 없고, 노력을 다할 수 없으니 성공할 확률이 떨어져요. 그럼 '거봐, 나는 잘 못해'라면서 다시 자존감이 떨어지는 악순환에 빠져들어갑니다. 그러므로 이 경우에는 자존감에 초점을 맞추기보다는 우울증을 먼저 치료해야 합니다.

자존감이 떨어질 수 있는 또 하나의 경우는, 내가 아주 중요하게 생각하고 정말 잘하고 싶은 일에 실패했을 때입니다. 육아도 마찬가지입니다. 좋은 엄마가 될 거라고, 아이의 자존감을 키워주는 엄마가 될 거라고 다짐하고 노력했는데 아닌 것 같다고 느껴지면, 자존감이 떨어지겠죠.

그런데 자존감이 높은 사람은 회복탄력성이 높습니다. 그래서 자존감이 떨어지면(우울증이 아니라면) 자존감을 회복하려는 시도를 합니다. 그런 동기를 스스로 만들어냅니다. '그래, 내가 이걸 잘못했어. 그럼 좀 더 노력해봐야지. 어떤 방법이 효과적일까?' 이렇게 스스로를 현실적으로 바라보면서 동기를 부여하는 게 자존감의 역할입니다.

자존감과 비슷하면서도 다른 것이 자존심입니다. 자존심은 남에게 굽히지 않고 자신을 높이는 마음입니다.

자존감과 자존심을 혼동하는 경우가 많지만, 임상심리학의 영역에서 자존심은 별로 중요한 개념은 아닙니다. 영어에서는 자존감과 자존심이 동의어로 쓰이기도 합니다. 그런데 문화심리학에서는 그 차이를 중요하게 봅니다. 문화심리학은 특정 문화에서 드러나는 고유한 심리적 특성을 연구하는 학문입니다.

이 분야에서 한국인의 자존심이라는 정서를 연구한 논문을 하나 소개해볼게요. 우리가 흔히 '자존심 상해'라고 말할 때 이 자존심은 다른 사람을 염두에 둔 감정입니다. 이를테면 '오랜만에 동창들을 만났는데 다들 성공해서 자존심이 상했다', '남들은 큰 차 타는데 나만 지하철 타서 자존심 상했다'는 식으로 사용합니다. 그래서 자존심이라는 단어는 기분이 상했을 때 주로 떠오릅니다. 그런데 자존심이 상하지 않을 때는 자존심에 대해 생각하지 않습니다. 어떤 사람이 나를 무시하는 발언을 하거나 비교를 당했을 때 자존심이 상하는 기분을 느끼는 거죠.

다시 말해, 자존감은 나 스스로 가치 있는 사람이라고 느끼는 것이고, 자존심은 나는 존중받을 가치가 있다는 걸 '타인에게서' 인정받아야 하는 겁니다.

예를 들어 내가 아는 사람이 100명이라고 합시다. 그중 한 명이 나를 무시합니다. 이런 상황에서 자존감은 영향을 받지 않지만, 자존심은 상합니다. 그리고 내 자존심을 상하게 한 상대는 갑자기 중요한 사람이 됩니다. 내 가치를 훼손시켰기 때문입니다. 그래서 자존심이 상하면 상대가 누가 됐던 관계가 상하는 경우가 많습니다.

자존심이 상하는 건 자존감과 달리 상처를 줍니다. 특히 우리나라는 집단주의가 강한 문화라 상호작용과 관계를 중시합니다. 때문에 관계에서 무시당하는 걸 아주 심각하게 받아들입니다. 그래서 자존심을 회복하려는 시도가 이루어지는데, 이때 긍정적이지 못한 행동이 많이 나옵니다. 상대에게 원한을 품고 보복하려는 생각까지 갖는 경우도 있습니다.

자존심은 이처럼 사회적 맥락에서 타인이 나를 보는 관점에서 비롯되는 감정입니다. 때문에 '사람들이 너를 어떻게 보겠니?' 같은 말은 하지 않는 게 좋습니다. 아이에게 '선생님이 널 어떻게 보겠니?', '친구들이 널 어떻게 보겠니?' 같은 말을 많이 하면 아이의 자존심이 손상을 입을 수 있습니다. 이는 자존감에도 악영향을 줄 수 있습니다.

나를 대접해달라는 자기애

자존감과 혼동할 수 있는 또하나의 개념은 자기애입니다.

"나는 존중받을 만해. 그러니까 너도 존중받을 만해."

이게 자존감입니다.

"나는 존중받을 만해. 그런데 너는 아니야."

이건 '자기애'입니다.

자기애는 자기를 사랑하는 겁니다. 이렇게 들으면 좋은 것 같기도 한데, 자기애란 보통 '과도하게' 자기를 사랑하는 걸 뜻합니다. 그리스 로마 신화에서 나르키소스라는 아름다운 청년의 이야기가 나옵니다. 자기 자신과 사랑에 빠지는 저주를 받아 호수에 비친 자기 얼굴을 보고 사랑하며 그리워하다가 물에 빠져 죽었다는 내용입니다.

이렇듯 내가 너무 훌륭하다고 느끼는 게 자기애입니다. 나만이 중요한 사람이고, 그걸 모든 사람이 다 알아줘야 합니다. 이걸 '레드카펫 신드롬'이라고도 합니다. 내 앞에는 레드카펫이 좍 깔려 있어야 하는 거죠. 다른 사람들도 모두 자신이 생각하는 만큼 자신을 인정해줘야 합니다. 그래서 자기애가 강한 사람을 만나면 참 피곤합니다.

보통 자기애가 강한 사람이라고 하면 대놓고 잘난 척하고 자랑하는 사람을 떠올립니다. 이런 걸 '외현적 자기애(Overt Narcissism)'라고 합니다. 외현적 자기애가 강한 사람은 허풍스럽고 잘난 척한다는 느낌을 주는 경우가 많습니다. 그래서 앞에서는 이런 사람들을 떠받들어주지만 돌아서면 무시합니다. 매력 없고 인기 없는 사람입니다.

그런데 더 심각한 건, 특히 아이들에게 문제가 되는 건 '내현적 자기애(Covert Narcissism)'입니다. 마음속으로 자기를 사랑하면 좋은 거 아니냐고 할지 모르지만, 그런 게 아닙니다. 겉으로 드러내진 않지만, 자신이 너무 중요하고 잘났다고 느낍니다. 그런데 표현을 안 하는 겁니다. 이런 사람들이 바라는 게 뭘까요? 다른 사람들이 그걸 알아주는 겁니다. 자기애는 사람들이 알아줄 때에만 충족되니까요. 다른 사람들이 알아주기를 간절히 바라지만, 그걸 표현하지 못해 남의 눈치를 많이 봅니다.

이런 유형은 학령기 전부터 시작해 청소년, 성인까지 폭넓게 나타납니다. 특히 어려서부터 칭찬을 많이 받은 아이 중 자기애가 높은 아이들이 정말 많습니다. 제가 만나는 아이 중에도 많아요. 예를 들어 그림을 한번 그려보라고 하면 그림을 그리면서 계속 저를 쳐다봅니다. "잘 그렸죠?" 하는 표정으로 인정을 요구합니다.

그런데 그림을 그릴 때마다 하나하나 칭찬을 해주는 건 가능하지도 않고 아이에게도 좋지 않습니다. 그래서 제가 가만히 있으면 아이가 점점 위축되는 게 느껴집니다. 빠르게 좌절하는 아이가 있고, 천천히 좌절하는 아이가 있고, 그런 걸로 좌절하지 않는 아이가 있습니다.

그렇다면 누가 세상에 제일 잘 적응하는 아이일까요? 당연히 좌절하지 않는 아이입니다. 칭찬을 자주 받지 않으면 빨리 좌절하는 아이는 '내현적 자기애' 문제를 갖고 있습니다. 이런 아이들은 겉으로 보기에 자기 확신이나 주도권이 부족해 보입니다. 남들이 나의 가치를 알아주지 않을 때 엄청나게 상처를 받기 때문에 차라리 가만히 있는 게 낫다고 생각하기 때문입니다. 집에서는 신나게 하다가 밖에서는 안 하려고 합니다. 수줍어서 못 하는 경우와는 좀 다릅니다. '못할 것 같아서 안 하는' 겁니다. 내현적 자기애 문제는 세상에 나가는 걸 두렵게 합니다.

이것 때문에 우울장애나 불안장애가 생기는 경우도 많습니다. '제가 이걸 못해서 괴로워요'가 아니라 '내가 잘하는데 사람들이 인정해주지 않아 괴로워요'라고 하는 경우가 내현적 자기애 문제에 해당합니다.

"이 직장은 나를 알아주지 않아요."

"나는 이런 일을 할 사람이 아니에요."

"그 정도 대학에 가려고 공부한 건 아니에요."

"내 아내는 나를 우습게 알아요."

끊임없이 남의 인정과 칭찬을 기다리는 사람은 칭찬받지 못하는 경험이 누적될수록 소심해지고 위축되고 불안해합니다. 이게 바로 자기애와 자존감의 차이입니다. 자기애는 남들이 알아주는지 아닌지 여부에 영향을 많이 받습니다.

살다 보면 실패할 수도 있습니다. 그럴 때 '괜찮아. 이거 실패했다고 내가 형편없는 사람은 아니야'라고 생각할 수 있어야 합니다.

지나친 칭찬은 오히려 자존감을 떨어뜨린다

이제 자존감과 자기애, 자존심 이 세 가지를 구별할 수 있나요?

다시 핵심을 짚어보겠습니다.

첫째, 자존감은 내가 나를 가치 있게 생각하고, 그만큼 다른 사람도 존중하는 것입니다.

둘째, 자존심은 다른 사람이 나를 보는 관점을 중시하며, 남들이 내 가치를 낮게 볼 때 손상됩니다. 그러니까 여기서 주체는 '남'입니다. 그래서 자존심이 상하면 상대방과의 관계에 문제가 생깁니다. 정말 심각한 건, 그 사람이 무시하지 않았더라도 자존심이 예민한 사람들은 그걸 무시라고 받아들일 수 있다는 겁니다.

자존심이 너무 강하면 계속 다른 사람의 시선을 의식합니다. 어떤 사람이 나를 인정하는 것 같지 않으면 원한을 품기도 하고, 자존심을 회복하기 위해 온갖 방법을 동원합니다. 자존심이 세다는 말을 들으면 경계해야 합니다. 정말 중요한 건 자존심이 아니라 자존감입니다.

셋째, 자기애, 그중에서도 내현적 자기애가 강한 사람은 자기중심적이고 자기가 잘났다고 생각하면서 그걸 겉으로 표현하지 않습니다. (이걸 표현하는 자기애는 외현적 자기애입니다.) 어디서든 새침하게 있으면서 원하는 칭찬을 받지 못하면 삐치는 모습을 보입니다. 내현적 자기애가 강한 아이로 키우지 않으려면, 부모가 '넌 정말 중요한 사람이야. 넌 뭐든지 잘해'와 같은 메시지를 지나치게 주지 않아야 합니다.

학교 가기 싫다고 하는 결정적인 이유

저희 딸이 초등학교 3학년 때 일입니다. 어느 날 저녁 갑자기 "엄마, 나 내일 학교 안 가면 안 돼?"라는 겁니다. 이유를 물으니 "선생님이 오늘 남으라고 했는데 까먹고 그냥 집에 와버렸어"라더군요.

가슴이 덜컹 내려앉았습니다. 우리 애가 뭘 잘못한 건지, 대체 무슨 일인지 걱정이 몰려왔죠.

"왜 남으라고 그랬는데?"

"몰라. 내일 가서 혼나면 어떡하지?"

내가 딸이어도 진짜 학교 가기 싫을 것 같았습니다. 별일 아닐 수도 있지만 이유를 모르니 불안했습니다. 이런 일이 처음이다 보니 두려움마저 들었죠. 그래서 방법을 생각해봤습니다.

"아침에 학교 가면 선생님께 먼저 가서 말씀드려. '선생님. 어제 남으라고 하셨는데 깜빡하고 집에 갔어요'라고. 그러면 선생님이 혼내시지는 않을 거야."

다음 날 아이를 학교에 보내고 하루 종일 긴장되는 마음을 감추기 힘들었습니다. 아이가 집에 오자마자 물었지요.

"선생님께 말씀드렸어? 뭐라고 하셔?"

"아, 까먹었네? 선생님도 아무 말 안 했고."

초등 저학년일 경우 지나친 반응은 좋지 않아

아이들이 갑자기 학교에 안 가겠다고 하면 엄마들은 가슴이 철렁합니다. 엄마가 모르는 일이 있었는지도 모르고, 아무도 모르게 상처 받았을지도 모르잖아요. 그렇게 생각이 꼬리에 꼬리를 물다 보면 하루아침에 학교가 두려운 곳이 되어버립니다.

학기 초에는 학교 가기 싫다고 하는 애들이 특히 많습니다. 저학년일수록 심합니다. 새로운 곳에 대한 거부감이나 두려움 때문입니다. 이런 아이들은 엄마가 초기에 신경을 좀 써주면 됩니다. 예를 들어 학원은 최소한으로 하고 학교에 먼저 적응시키는 겁니다. 아무리 타일러도 학교에 가지 않으려 한다면 데려다주고 데리러 가는 것도 방법입니다. 담임 선생님께도 상황을 공유하고요.

초등학교에 입학해 이제 막 학교에 가기 시작한 아이가 '애들이 나랑 잘 안 놀아줘'라는 말을 한다면, 학교 가기 싫다는 말이 곧 나올 가능성이 높습니다. 초등학교 저학년 때는 보통 친구가 좋다거나 싫다거나 하는 표현을 잘 하지 않습니다. 학교라는 새로운 환경이 신기하고, 새로운 규칙에 적응하는 데 온통 마음이 뺏기기 때문입니다. '누가 나 때렸어'라거나 '누가 내 거 뺏어 갔어' 같은 얘기는 가끔 하지만, '누가 나와 안 놀아줬어'라는 말은 안 하는 게 보통입니다.

왜 아이들은 친구 이야기를 잘 안 할까요? 속마음을 안 드러내서 그런 게 아닙니다. 기억력이 미숙하기 때문입니다. 아이들은 매 순간을 삽니다. 뭘 잘못해서 혼나도, 뒤돌아서자마자 바로 그 행동을 또 하는 게 아이들입니다. 어른에 비하면 아이들은 기억이 유지되는 시간이 아주 짧습니다. 특히 반복되는 일상은 하나로 합쳐질 뿐 별다른 감정을 불러일으키지 않습니다.

누가 때리거나 괴롭히는 건 강렬한 감정이 수반되기 때문에 기억하고 이야기할 수 있지만, 누가 놀아주지 않은 건 눈으로 볼 수 없는 미묘하고 복잡한 감정이 수반되는 경험입니다. 그래서 아이들은 보통 눈치채지 못하고 지나갑니다.

이럴 때 엄마가 과도하게 걱정하면, 아이들의 사회성에 영향을 줄 수 있습니다. '애들이 나랑 안 놀아줘'라는 말도 결국 엄마가 유도하는 경우가 많습니다. 예를 들어 이런 상황을 생각해볼까요?

"학교 어땠어? 오늘 누구랑 놀았어?"

"짝꿍이랑 놀았어."

"걔가 잘 놀아줘?"

다른 아이가 우리 아이랑 잘 놀아주는지 엄마는 관심이 많습니다. 따돌림을 당하지는 않는지, 친구들과 잘 지내는지 걱정되는 마음 때문이죠. 그래서 질문은 점점 이런 식으로 변합니다.

"오늘은 걔가 놀아줬어, 안 놀아줬어?"

그러면 어느 날 아이가 이렇게 대답해요.

"오늘은 걔가 나랑 안 놀아줬어."

아이들은 의미는 몰라도 엄마의 감정에 반응합니다. 그러니까 엄마가 관심을 기울이는 부분에 대해 더 많이 이야기하게 됩니다. 그러면 아이는 '누가 나랑 안 놀아줬어'라는 말을 자주 하게 됩니다. 아이는 엄마가 중요하게 생각하는 걸 중요하게 생각하고, 엄마가 화내는 걸 같이 화내고, 엄마가 불안해하는 걸 불안해합니다. 엄마가 불안해하면서 '놀아줬어?'라고 물으면 '안 놀아줬어'라고 대답할 확률이 훨씬 커지는 겁니다.

또 이런 상황을 생각해봅시다. 엄마가 아이를 데리고 놀이터에 갑니다. 그런데 저기 다른 아이가 놀고 있어요. 그러면 아이에게 이렇게 말합니다.

"친구한테 가서 놀자고 해."

엄마가 머릿속에 그리는 건 아이가 다른 아이한테 말을 걸고 둘이 다정하게 같이 노는 겁니다. 그러나 이런 장면은 드라마에서나 나옵니다. 아이들은 대부분 다른 애들이 노는 걸 쳐다보다가 눈에 띄지 않게 다가가거나, 먼저 놀이를 시작한 아이가 주도권을 갖고 놀자고 제안합니다. 놀자고 했을 때 같이 노는 경우도 있지만 거부당하는 일도 많습니다. 그러면 이 아이는 '내가 가서 놀자고 했는데 쟤가 싫다고 하면 어떡하지' 하는 이상한 자의식이 생깁니다.

잘 지켜보면, 아이들은 서로 놀자고 이야기하고 놀지 않습니다. 그냥 서로 자연스럽게 스며들면서 어울립니다. 누가 누굴 환영하거나 거절하는 상황은 잘 벌어지지 않습니다.

구체적으로 상황을 이야기해볼게요. 한 아이가 모래를 파고 있고, 다른 아이가 옆에서 돌을 줍고 있어요. 그러면 모래 파던 아이가 '그 돌 하나만 줄래?'라고 할 수도 있고 안 할 수도 있습니다. 그냥 옆자리에 앉아서 각자 놀다가 어떤 때는 같이 하고 어떤 때는 같이 안 합니다. 어릴수록 나란히 앉아 있기는 하지만 상호작용은 안 하는 시간이 훨씬 더 깁니다.

"애들이 같이 있는데 왜 같이 안 노는지 모르겠어요."

어린아이들 사이에서 친구라는 건 그냥 거리가 좁혀지면서 어쩌다 한 번씩 상호작용을 주고받는 관계입니다. 그런데 엄마가 너무 명확한 그림을 그려놓고 그대로 하기를 바라면 아이가 과민해질 수 있습니다.

아이가 괴롭힘을 당하는 경우

만일 학교에 잘 다니던 아이가 갑자기 가기 싫다고 한다면, 문제가 생겼을 가능성을 고려해야 합니다. 또래 관계에서 한 명 혹은 여러 명으로부터 계속해서 괴롭힘을 당하는 경우일 수도 있기 때문입니다. 보통 오늘 괴롭힘을 당했다고 갑자기 안 가겠다고 하지는 않습니다. 그러니까 아이한테 이런 말이 나왔다면 반복적으로 괴롭힘을 당했을 수도 있습니다.

저학년인 경우라면 괴롭히는 아이가 한 명일 가능성이 큽니다. 이 나이에는 아직 집단적으로 움직이는 경향이 크지 않기 때문입니다. 그래서 이런 경우에는 학교에서 괴롭힘을 당하는 게 맞는지, 괴롭히는 아이가 확실히 있는지 상황을 알아볼 필요가 있습니다. 괴롭히는 게 아닌데 우리 아이가 좀 예민한 경우도 있으니까요. 예를 들어 아이들 중에는 간혹 규칙을 안 지키면 혼자서 과도하게 괴로워하는 아이도 있습니다. 이럴 때 대부분의 아이들은 그 상황이 싫기는 하지만 학교에 가기 싫다고 하지는 않습니다. 그런데 일부 아이들은 학교에 가기 싫을 만큼 스트레스를 받는 거죠.

아이가 친구에게 괴롭힘을 당했다고 말한다면 엄마는 어떻게 반응해야 할까요? 아이의 자존심을 위해 엄마가 나서서 한마디 해줘야 할까요? 아닙니다. 아이가 초등학생이라면 이런 방법은 부작용을 가져올 가능성이 있습니다.

엄마가 직접 보지 않은 상황을 아이에게 들었을 때 아이의 말을 그대로 믿으면 나중에 난처한 일을 겪을 수도 있습니다. 아이들이 싸우면, 아이들은 본인이 당한 것만 얘기합니다. 상대방이 자기한테 왜 그랬는지도 파악하기 어렵습니다. 엄마가 직접 목격한 게 아니라면 상황 파악이 어려운 이유입니다. 섣불리 따졌다가는 동네 싸움이 나기 쉽습니다. 제가 상담했던 분 중에도 애들 싸움 때문에 그 부모와 다투게 되었고 알고 보니 같은 아파트에 같은 라인이라 엘리베이터를 탈 때마다 너무 조마조마해서 이사라도 가야 하는지 고민하는 경우가 있었습니다.

게다가 초등학생이면 같은 동네에 살고 주변에 같은 반 애들도 많습니다. 그런데 '걔네 엄마는 괜히 우리한테 화내'라는 식으로 말이 돌면 내 아이를 피하게 될 수도 있어요. 아이가 초등학생쯤 되면 선생님을 통해 상황을 파악하고 잘잘못을 가려야 합니다. 엄마가 나서는 건 도움이 될 때도 있지만 그렇지 않을 때도 많습니다.

드물지만 선생님과의 사이가 불편해서 학교에 가기 싫다고 하는 경우도 있습니다. 만일 선생님이 무섭게 말한다거나 화내는 것 같아서 싫다고 하면 아이에게만 그런지 평소 그런지를 확인해야 합니다. 부모가 부드러운 표정과 다정한 목소리로 늘 대해줄 경우, 아이는 그렇지 않은 표정과 말투의 사람들에게 잘 적응하지 못합니다. 설명을 잘 안 해준다거나 기다려주지 않는다거나 마음을 알아주지 않는다거나 할 때도 마찬가지입니다. 아이들의 첫 관계는 부모이기 때문에 자기가 만나는 사람을 부모의 말투나 태도를 기준으로 판단해요. 나의 부모와 다르기에 친구, 선생님 등이 자신을 괴롭힌다거나 싫어한다고 생각할 수도 있습니다.

아이가 학교에 안 간다고 한다면 제일 먼저 할 일은 담임 선생님을 만나는 것입니다. 담임 선생님이 그럴 만한 일이 없다고 말한다면, "애가 여러 번 그런 얘기를 해서 제가 좀 걱정되는데, 좀 지켜봐 주시겠어요?"라고 부탁드리고, 시간이 지난 후 다시 한번 확인해보면 좋을 것 같습니다.

가정에서 최소한의 사회성은 길러 보내야 한다

요즘 부모들을 보면 예전과 육아 방식이 많이 다른 걸 느낍니다. 옛날에는 자식을 많이 낳았고, 낳아놓으면 다 알아서 큰다며 먹이고 입히고 학교에 보내는 걸로 부모의 역할을 다했다고 생각하는 경우가 많았습니다. 그런데 요즘은 풍족한 의식주는 물론, 아이 마음을 읽어주고 감정에 초점을 맞추는 방식으로 양육 방식이 달라졌습니다.

그런데 저는 오랜 시간 아이를 보면서 생각이 복잡해졌습니다. 학교 다니기 싫다거나 친구들과 잘 지내지 못한다고 찾아오는 아이들이 점점 늘어나고 있기 때문입니다.

또 예전에는 친구들과 잘 지내지 못하는 아이들은 일부에 불과했습니다. 주의력결핍과잉행동장애나 자폐스펙트럼장애가 있다든가 공격적인 아이라든가 하는 경우였죠. 그런데 요즘은 순하고 섬세한 아이들이 그런 문제를 갖고 오는 경우가 심심치 않게 늘었습니다. 그런 아이가 학교에 가기 시작하면서 '힘들다', '애들이 안 놀아준다', '선생님이 나만 안 시켜준다'며 불평한다는 겁니다.

물론 불평은 할 수 있습니다. 그런데 유난히 학교생활에 스트레스를 많이 받는 아이들이 있습니다.

집과 학교는 다르다

앞에서도 언급했지만, 아이들이 힘들어하는 것은 온도 차이 때문인 경우가 많아요.

가정은 아이 체온과 똑같은 온도의 물이 담긴 목욕탕입니다. 집 밖에 나가면 온도는 좀 더 뜨거울 수도 있고 좀 더 차가울 수도 있습니다. 그런데 아이는 가정의 목욕물 온도가 너무나 익숙하고 편안해서, 밖의 온도가 조금만 달라져도 바로 감기에 걸리게 되는 겁니다. 예를 들어볼까요?

"아이가 부르면 대답해주세요"라는 말을 들어보셨을 겁니다. 언제부터인가 아이가 부르면 엄마가 꼭 대답해주는 게 양육의 정석이 되었어요. 아이가 수백 번을 불러도 대답해주려고 많은 부모가 노력합니다. 아이가 엄마를 세 번 부르면 세 번 다 눈을 맞추면서 대답해줍니다.

그런데 반응은 환영을 뜻합니다. 이런 상황에 익숙해진 아이는 밖에 나가서도 내가 부르면 세상이 다 그렇게 반응해주기를 기대합니다. 그런데 어디 세상이 그런가요. 내가 뭘 원하는지 다 알아주는 생활을 하다가 밖에 나가는 순간 너무 큰 온도 차이에 힘들어지는 겁니다.

엄마가 너무 민감하게 반응해주면 아이의 적응에 방해가 될 수 있습니다. 적당히 반응해야 합니다. '적당히'가 어느 정도냐고요? 숫자로 말씀드려볼게요. 연구에 따르 면 세 번 중에 한 번만 반응해주는 게 적정하다고 해요. 세 번 중에 한 번만 "왜?"라고 반응해주고, 나머지는 "이따가" 하는 식으로 반응하는 것입니다.

왜냐하면 세상은 다섯 번 중 한 번쯤 우리에게 반응해주는 게 보통이기 때문입니다. 엄마가 세 번 중에 한 번 반응해준다면, 다섯 번에 한 번이라는 상황에 적응하는 건 어렵지 않아요. 그런데 매 순간 반응해줬다면 그게 5분의 1이 됐을 때 너무 괴리가 커지게 됩니다. 집에서도 일반적인 사회생활과 비슷하게 적당히 반응해주는 것이 오히려 아이의 세상 적응에 도움이 될 수 있습니다.

양육 환경은 내가 이 아이를 얼마나 사랑하고 잘 키우고 싶은지 하는 감정이나 의지와는 아무런 상관이 없습니다. 양육 환경은 아이가 세상에 나갔을 때 잘 적응할 수 있도록 필요한 것을 배울 수 있는 환경을 만들어주는 것을 뜻합니다.

처음 학교에 가서 적응에 어려움을 겪는 아이들은 의외로 아주 민주적인 가정, 부모가 큰소리를 낼 일도 없는 가정에서 자란 경우가 많습니다. 아이도 대체로 유순하고 서로 싸우고 경쟁하는 형제가 없다거나 엄마 아빠 모두 아이에게 늘 집중한다면, 아이의 욕구를 많이 수용해줄 수 있겠죠. 그러면 갈등이 일어날 일이 없습니다. 아이는 가정이라는 울타리 안에서 아주 평화롭게 지내게 됩니다.

이런 아이에게 학교라는 곳은 정글과도 같은 곳입니다. 그러니 학교에 가면 스트레스를 크게 받게 됩니다. 집에서는 부모님이 자신의 말 한마디 눈빛 하나에도 집중해줬는데 학교에서는 전혀 그렇지 않으니까요. 왠지 딱딱하고 눈빛도 다정하지 않습니다. 당연합니다. 교실에 아이들이 서른 명 가까이 있는데 선생님이 누구 하나에게만 집중할 수는 없으니까요.

사회성을 키울 환경을 만들어주라

이런 경우도 있었습니다. 한번은 제가 강의를 하는데, 아이의 식습관을 잡아주는 내용에 대한 것이었어요. 그때 어떤 엄마가 이렇게 말하더라고요.

"저는 애들하고 별로 안 싸워요."

"그럼 애가 먹고 싶다는 걸 다 해주세요?"

"그렇죠."

"아니, 어떻게 먹고 싶은 걸 다 해주세요?"

"먹고 싶다는 게 몇 가지 안 돼요."

"뭘 좋아하는데요?"

"스팸을 좋아해요."

그래서 스팸을 거의 매일 해주고, 그러니 아주 평화롭다는 이야기였습니다. 아무리 그래도 좋아하는 것만 해주기보다는 더 건강한 음식을 골고루 먹여야 하지 않을까 싶었습니다. 그래서 다시 질문했어요.

"그럼 어머니는 애가 학교에 안 간다고 그러면 안 보내실 건가요?"

"네."

"애가 싫다고 하면 안 해도 된다고 생각하세요?"

"싫은 걸 굳이 왜 해요."

제 친구 중에도 이런 유형의 엄마가 있었습니다. 아이가 툭하면 학교에 안 간다고 하는데, 그럴 때 "그럼 가지 마"라고 한다는 겁니다. 그러니까 아이는 점점 더 사소한 문제가 생겨도 학교에 안 가게 됐습니다. 이런 아이들은 취업에 어려움을 겪는 경우가 많고, 설령 취업에 성공하더라도 조금만 마음에 안 드는 일이 있으면 금방 그만둬버립니다.

이건 아이의 문제가 아니라 부모의 문제입니다. "그냥 너 하고 싶은 대로 하고 살아. 좌절 없이 상처받지 말고, 즐겁고 행복하게"라고 말하는 부모가 있습니다. 아이의 감정적인 만족감을 최우선으로 여기는 태도입니다. 듣기엔 좋습니다. 그런데 저는 이런 부모에게 묻고 싶습니다.

"그럼 아이를 평생 책임지실 건가요?"

어른인 우리는 직장이 힘들다고 쉽게 그만두지는 않습니다. 성인으로서 자기 삶을 책임지기 위해서는 최소한의 생계를 유지해야 하는데, 직장은 그 수단입니다. 그런데 어른이 되어 직장에 다닌다는 건 어느 날 자연스럽게 되는 일이 아닙니다. 훈련이 필요합니다. 정해진 시간에 출근해 정해진 시간까지 있어야 하고, 시키는 일을 해야 하고, 싫은 사람이 있어도 견뎌야 합니다. 이런 훈련을 하는 곳이 바로 학교입니다.

학교는 선택적으로 가는 곳이 아닙니다. 가서 뭘 하라는 게 아니라, 정해진 시간에 가서 정해진 시간까지 있다가 오는 것 자체가 중요합니다. 이 훈련이 나중에 출근해서 퇴근할 때까지 버티며 급여를 받을 수 있게 해주는 기본이 됩니다.

어떤 분은 학원이 더 잘 가르친다며 학교를 자퇴시키고 공부에 집중하는 게 현명하다고 이야기하기도 합니다. 이렇게 말하면서요.

"학교에 꼭 가야 하나요? 아이가 이렇게 힘들어하는데. 검정고시 보면 되잖아요."

맞습니다. 검정고시를 통해 더 높은 수능 점수를 받을 수는 있습니다. 그러나 사람 대하는 법을 잘 못 배운 채로 자랄 수 있습니다. 의대에서 열심히 공부해 의학 지식을 많이 쌓았다고 해서 좋은 의사가 되는 건 아닙니다. 졸업한 후부터는 사람 대하는 기술이 의사로서의 커리어에 가장 큰 영향을 줍니다. 사실 의대 졸업하고 인턴이나 레지던트 과정을 거칠 때 가장 많이 보는 정보가 동기들의 평가입니다. 그건 공부만 잘한다고 해서 되는 게 아닙니다.

아이가 '학교 가기 싫어요'라는 말을 반복적으로 한다면 꼭 이유를 알아보세요. 또래 관계의 문제나 학교 선생님과의 문제가 아니라면, 집과 다른 환경에 적응하지 못하는 건 아닌지, 다른 아이들은 다 견디는 사소한 좌절을 못 견디는 건 아닌지 확인해볼 필요가 있습니다.

외동아이는 사회성이 떨어진다?

"아이가 자기밖에 모르고 이기적인 것 같아요. 외동이라 사회성이 부족한 걸까요?"라고 묻는 사람이 많습니다. 실제로 이것 때문에 걱정을 많이 하는 게 사실입니다. 심지어 이것 때문에 아이를 더 낳아야 하나 고민하기도 하죠. 하지만 그 말이 맞는다면 모든 외동은 사회성이 부족해야 합니다. 당연히 다 그렇지는 않죠. 다만, 성공하는 환경이 달라 영향을 받는 부분이 있습니다.

중요한 건 외동 자체가 아니라, 가족 수, 욕구 충족의 빈도, 경쟁이 있느냐와 같이 환경이 다르다는 겁니다. 그건 형제가 있는 집도 마찬가지예요. 형제가 여럿인 경우, 보통 첫째는 책임을 많이 지고, 둘째는 관심받을 기회가 상대적으로 적고, 막내는 나이를 먹어도 어린애 취급을 받는 경우가 많습니다. 이런 환경은 성격에도 영향을 줘요. 그래서 유명한 심리학자 한 명은 "서열이 성격이다"라고 단언하기도 했어요. 예를 들어 외식을 할 때 뭘 먹을지에 대해늘 아이에게 결정권을 주는 식으로 부모가 다 양보하는 경우 아이는 양보를 배울 기회가 적어집니다. 물론 아이가 먹고 싶은 걸 결정하게 하는 게 나쁜 건 아닙니다. 다만 지난번에는 아이가 먹고 싶은 걸 먹었다면 이번에는 부모가 먹고 싶은 걸 먹는 식으로, 원하는 걸 참는 훈련이 필요합니다. 모두와 같이 움직일 때는 자기가 원하는 것만 할 수는 없다는 걸 아이가 배워야 하기 때문입니다.

가정에서 언제나 자신이 원하는 대로 하면서 자란 아이가 또래 친구들과 생활하게 되면 어떻게 될까요? 이런 경우 아이들이 두 가지 양상을 보입니다. 학교에 가기 싫다고 하거나, 아예 자기주장을 안 하는 거죠.

예를 들어 친구들과 방과 후에 뭘 먹기로 했는데, 아이는 자기가 먹고 싶은 걸 먹겠다고 합니다. 이때 친구들이 아이를 비난했다면 기질이 순한 아이는 심하게 위축될 겁니다. 이런 아이가 집에 오면 더 자기 마음대로 하려고 합니다.

그래서 사회성의 기본은 가정에서 배워야 합니다. 가정에서 이를 익히지 못한 채 학교에 간다면, 마치 연습을 안 하고 올림픽에 나가는 운동선수와 같습니다.

양보하는 아이가 인기가 많다

초등학교 3학년인 지우가 하교하고 집에 와서 엄마에게 이렇게 말했습니다.

"엄마, 우리 반에서 회사 놀이 하기로 했는데, 나는 부장이야."

그러면서 아이는 굉장히 뿌듯해했죠. 그런데 그 말을 들은 엄마는 화를 냈어요.

"사장도 있을 거 아냐. 그런데 부장이라고?"

"사장도 있지."

"너도 사장 한다고 하지, 왜 부장을 해?"

"아니, 다른 애가 먼저 사장을 하고 싶다잖아."

"그럼 넌 내일 가서 회장 한다고 해."

"회장이 뭔데?"

엄마는 회장이 뭔지 설명하려다가 아차 했습니다. 회장이 뭔지도 모르는 애한테 부장 했다고 화를 낸 자신이 창피했죠. 그렇지만 왠지 속상한 기분이 드는 것도 사실입니다.

아이를 키우다 보면 별것 아닌 것 같은데 신경이 쓰이고 걱정되는 게 많습니다. 이런 고민, 다들 해보지 않았나요?

"다른 집 아이들은 남보다 잘하려고 애쓰는 것 같은데 왜 우리 애는 욕심이 없을까요?"

아이들은 경쟁보다 협동할 때 더 행복하다

다른 집 애들은 100점을 못 받으면 속상해하는데 왜 우리 애는 아무렇지도 않아 할까요? 달리기를 할 때도 옆을 힐끔힐끔 보면서 이기려고 악착같이 달리는 애들도 있는데, 왜 우리 애는 태평할까요?

적당한 경쟁심은 무언가를 잘하도록 하는 자극이나 동기부여가 될 수 있습니다. 그렇지만 과도한 경쟁은 건강한 인성을 형성하는 데 장애가 되기도 하고, 심지어는 삶을 피폐하게 만들 수도 있습니다.

이를 입증한 연구가 있습니다. 무자퍼 셰리프라는 유명한 사회심리학자가 한 실험입니다. 우리 나이로 4학년쯤 되는 남자아이들 22명을 뽑아 캠프에 보냈습니다.

처음에는 이 아이들에게 함께 텐트를 세운다거나 물놀이 등 협동할 수 있는 게임을 하면서 시간을 보내도록 했습니다. 그때 아이들에게 소감을 물으니 대부분 이 캠프가 너무 좋고 재미있다고 만족감과 소속감을 표현했습니다.

그다음에는 갈등과 경쟁을 조장했습니다. 아이들을 두 집단으로 나누어 스스로 팀 이름을 붙이게 하고, 두 팀이 경쟁하는 게임을 하도록 한 거죠. 우리가 초등학교 시절 했던 운동회처럼 말이에요. 그러고 나니까 아이들은 서로 미워하기 시작했습니다. 심지어 상대 팀과는 밥도 안 먹겠다고 하는 아이들도 있었어요.

마지막 단계에는 다시 협동의 분위기를 조성할 수 있도록 했습니다. 캠프장 골짜기에 있는 물을 마셔야 하는데, 거기 잔뜩 쌓인 쓰레기를 함께 치워야 깨끗한 물을 마실 수 있다고 한 거죠.

아이들이 협동해서 그 쓰레기를 치우게 하자 아이들은 다시 소속감과 연대감을 느꼈습니다. 그리고 캠프를 마치고 집으로 돌아갈 때 상대 팀과 같은 버스를 타고 갈 수도 있고 다른 버스를 타고 갈 수도 있다고 선택지를 주었습니다. 그러자 아이들 모두가 같은 버스를 타겠다고 결정했습니다. 그리고 휴게소에 도착했을 때 두 번째 실험에서 이긴 팀이 받은 상금으로 두 팀이 같이 음료수를 사 마시더라는 겁니다.

아이들에게는 게임을 해서 이기고 상금을 받는 것도 기분 좋은 일이지만, 협동하고 내 것을 나누었을 때 느끼는 만족감이 더 큽니다. 물론 옆집 아이와 비교했을 때 우리 아이가 시험을 못 보면 속상하겠지요. 그런데 만약 이럴 때 옆집 아이 엄마가 먹을 걸 나누고 아이의 학업 정보도 나눈다면 두 집 다 훨씬 행복하지 않을까요?

리처드 도킨스의 『이기적 유전자』를 보면, 사람들은 태어나서부터 협동하게끔 만들어져 있다고 합니다. 연대감과 소속감을 느낄 때 가장 큰 행복을 느끼는 건 인류의 본성이라는 말이죠. 우리 아이들도 그렇습니다. 협력하고 같이 무언가를 할 때 훨씬 행복하게 느낍니다.

지나친 경쟁심은 아이를 갉아먹는다

경쟁심이 나쁜 것만은 아닙니다. 그렇지만 경쟁심에 매몰되다 보면 끊임없이 나와 남을 비교하게 되고 다른 사람들에게 연대감을 느끼지 못한다는 이야깁니다. 다른 사람을 이겨야 할 적으로만 느끼게 된다는 거죠.

제가 상담했던 사례를 소개해보겠습니다. 이 아이는 공부를 아주 잘하는 아이였습니다. 부모님도 기대가 컸죠. 초등학교 들어가기 전부터 이름난 학원을 보냈습니다. 그런데 이 학원의 시스템이 아이에게 동기를 부여하기 위해 끊임없이 비교하는 식이었습니다. 아이들의 점수와 수행 정도를 그래프로 표현하고, 아이는 눈만 뜨면 누구는 몇 문제를 풀었다는 걸 볼 수밖에 없었습니다. 끊임없이 비교당한 거죠. 이 아이 머릿속에서는 친구들이란 함께 어울려 노는 대상이 아니라 잠재적인 경쟁 대상이었습니다.

제가 물었습니다.

"너는 공부를 꽤 잘하니까 우수한 애들은 네 경쟁 대상이 될 수 있지만 또 어떤 아이들은 친구가 될 수도 있지 않아?"

그랬더니 이렇게 대답하더라고요.

"아니에요. 다른 애들도 언젠가는 저를 치고 올라올 수 있잖아요."

모든 아이가 지금 성적과 상관없이 다 자기를 앞서갈 수 있는 경쟁자라고 느끼게 된 거죠. 이 아이는 친구를 사귈 수 없게 됐습니다. 어떤 친구를 만나도 긴장되고 불안했기 때문입니다. 결국 학교생활이 너무 힘들어져서 학교를 그만두게 되었습니다.

학교를 그만두었으니 이 아이는 편해졌을까요? 아닙니다. 바깥에 잘 나가지 못하고 세상에 적응하지 못하는 모습을 보였습니다. 오랫동안 상담한 결과 현재는 또래 외에 다른 사람들과는 관계를 맺는 게 가능해졌습니다. 또래는 여전히 힘들어하긴 하지만 그래도 많이 나아졌어요.

적당한 협동심과 경쟁심이 균형을 이룰 수 있다면 더 바랄 게 없겠지만, 제가 임상에서 경험한 바에 의하면 아이들은 대부분 경쟁보다는 또래와 함께 어울려 놀고 협동하며 훨씬 더 행복해합니다.

다시 처음의 고민으로 돌아가봅시다. 회사 놀이를 할 때 그 모둠에 있는 모든 아이들이 사장을 하겠다고 하면 어떨까요? 경쟁이 계속되면서 아이들은 서로 기분이 상했을 겁니다. 만약 그때 한 아이가 "내가 부장 할게"라고 했다면 그 아이가 어떻게 보였을까요? '쟤는 만만하니까 함부로 대해도 돼'라고 생각했을까요, 아니면 '쟤는 참 착해. 같이 놀고 싶어. 친구가 되고 싶어'라는 마음이 들었을까요?

저는 앞장서서 양보하는 아이, 협동하는 아이가 그 집단에서 가장 인기 있는 아이가 될 가능성이 크다고 확신합니다. 이기려는 욕심보다는 다른 사람을 배려하고 협동하는 법을 가르치는 게 아이를 더욱 행복하게 만드는 길입니다.

나이와 기질을 이해하면 행동의 원인이 보인다

초등학교 2학년인 민희는 원하는 것이 있을 때 바로 말하지 않고 엄마 뒤에 숨어서 웅얼웅얼합니다. 그러고는 엄마의 손을 잡아당겨서 자신이 원하는 걸 가리키지요. 소심한 건지 자신감이 없는 건지, 엄마는 아이 성격을 고쳐주고 싶습니다.

3학년인 정우도 집에서는 정말 씩씩한데 사람들 앞에 나서서 뭘 하는 것을 너무 쑥스러워합니다. 어려서는 나서는 것을 좋아했는데 커가면서 부끄러움을 너무 많이 타서 제 실력 발휘를 하지 못한다고 속상하답니다.

저도 아이들을 키우면서 이런 생각을 할 때가 있었습니다. 그런데 아이들이 집에서와 밖에서의 행동이 다르다면 성장했다는 뜻입니다. 가장 중요한 건 엄마가 보기에 걱정된다고 해서 무조건 문제로 볼 필요는 없다는 사실입니다. 아이가 다섯 살이라면, 그 아이는 세상에 온 지 5년밖에 되지 않았다는 뜻입니다. 우리가 다른 나라로 이민을 갔다고 생각해보세요. 한두 해는 어리바리하고 어디서 뭘 해야 할지 잘 알 수 없는 게 당연하지 않나요? 아이들도 마찬가집니다.

엄마에게는 익숙한 환경이지만 아이는 새롭고 무서울 수 있습니다. 애착 대상에게 의지하려고 하는 건 당연합니다. 나이가 어릴수록 원하는 걸 엄마한테 의존할 수밖에 없겠죠.

그다음엔 타고난 기질의 문제입니다. 새로운 것을 막 찾아 나서려는 기질이 있고, 위험한 것을 피하려는 기질이 있습니다. 제가 볼 때는 후자, 그러니까 위험한 걸 피하려는 기질을 지닌 아이들이 훨씬 더 많습니다. 어른도 마찬가집니다. 주변을 보면 나서지 않고 튀지 않고 조용히 지내는 사람들이 대부분 아닌가요? 이런 기질의 아이라면 낯선 상황에서 이걸 할 수 있을지 확신이 없을 때 도와달라고 말하는 게 당연합니다.

외국에 가는 비행기를 탔다고 생각해봅시다. 앞쪽에 비즈니스석이 있고 나는 이코노미석이라고 해보죠. 그런데 비즈니스석에 있는 사람이 라면을 먹고 있는 것 같습니다. 나도 라면을 먹고 싶은데 이코노미석은 라면을 주는지 안 주는지 모르겠습니다. 그럴 때 “저 라면 좀 주시겠어요?”라고 말할 수 있는 사람도 있죠. 저는 그렇게 못

하는 사람입니다. 제 남편은 잘합니다. 안 된다고 하면 안 먹으면 된다면서 그냥 물어봅니다. 그런데 저는 혹시라도 거절당했을 때 민망한 느낌이 너무 불편해서 못해요.

아이들도 똑같습니다. 그냥 기질인 거예요. 어떤 아이는 혼자 있을 때는 씩씩하고 집에서도 활발한데 사람들 앞에 나서는 건 힘들어하기도 합니다. 하지만 이렇게 생각해보세요. 타인의 시선이 있는 것과 없는 걸 구별하지 못하는 사람을 보고 뭐라고 하나요? 눈치가 없다고 합니다. 혼자 있을 때와 다른 사람이 있을 때 행동이 다르다는 건 눈치가 생겼다는 뜻입니다. '다른 사람이 나를 보고 있구나'를 의식하는 만큼 성장한 겁니다. 이걸 가지고 부끄럼이 많다거나 자신감이 없다고 말하면 안 됩니다.

어떤 아이들은 집에서와 학교에서의 행동이 전혀 다르지 않습니다. 그런 아이가 잘 훈련된 것처럼 보이나요? 그렇지 않습니다. 학교에서도 집에서처럼 편하게, 혹은 더 멋대로 행동한다면 그게 더 문제 아닐까요? 어릴 때는 밖에 나가서도 다른 사람의 눈치를 전혀 보지 않는 게 당연하지만, 좀 자라면 밖에서는 훨씬 의젓하게 행동하잖아요.

앞의 사례에서 엄마는 아이를 잘못 해석하고 있습니다. 제가 다시 해석해보겠습니다.

초등학교 2학년 민희는 원하는 것이 있으면 바로 말하지 않고 엄마 뒤에 숨어서 웅얼웅얼합니다.

→ 아무래도 낯선 상황이다 보니 자기가 말하는 걸 불편해하는 것 같습니다. 그렇지만 완전히 얼어붙지는 않고, 엄마한테 원하는 것을 말합니다.

그러고는 엄마인 내 손을 잡아당겨서 자기가 원하는 것을 가리키지요.

→ 예전에는 낯선 사람이 있으면 정말 얼어붙은 것처럼 꼼짝도 못 했는데, 많이 큰 것 같습니다.

아이가 어떤 행동을 보일 때 그건 대부분 나이와 기질이 설명해 줍니다. 그래서 저는 아이를 키우는 분들이 아이에 대해 '자신감이 없다', '소심하다', '씩씩하다' 같은 단어는 쓰지 않았으면 좋겠어요. 이런 단어에는 부모의 평가가 들어가 있기 때문입니다.

"넌 소심하구나"라고 하면 기분 좋아할 사람은 없을 겁니다. 마치 내가 부족한 것 같은 느낌이 들거든요. '씩씩하다'는 긍정적인 느낌이지만, 이 또한 평가입니다. 이런 단어는 아이와 관련해서는 마음에서 지워버리기 바랍니다.

다만, 반드시 말해야 하는 상황에서 하지 않는다면 그건 걱정할 일입니다. 학교에서 모두 발표를 하는데 우리 아이만 못 한다거나 선생님 질문에 대답을 못 하는 정도라면 문제가 있는 건 아닌지 알아볼 필요가 있습니다. 아이들이 보이는 문제 중에 '선택적 함구증'이라는 게 있는데, 이것은 치료가 필요한 장애이기 때문입니다.

적당한 걱정과 불안장애를 구분하라

5학년 여자아이인 민아는 기질이 예민한 편입니다. 걱정거리가 있으면 생각에 생각이 꼬리를 물고 떠올라 그 생각에서 벗어나지 못합니다. 또 일어나지 않은 일에 대한 걱정이 앞섭니다. 예를 들어 동생과 둘이 집에 있을 때면 도둑이 현관 비밀번호를 누르고 들어올 것 같다고 걱정하고, 동생과 자신이 납치될까 봐, 지진이 날까 봐, 친구들과 다투게 될까 봐, 담배를 피우는 아빠가 병에 걸려 죽을까 봐 걱정입니다.

걱정과 불안이 너무 많으면 학교생활이나 학습에도 영향을 미칠 수 있습니다. 엄마는 딸이 이런 걱정을 할 때마다 일어날 가능성보다 일어나지 않을 가능성이 훨씬 크다고 이야기해주었습니다.

적당한 불안은 필요하다

불안은 누구에게나 있습니다. 그리고 불안은 위험을 감지하고 조심하게 만드는 순기능이 있습니다. 예를 들면 신호등이 빨간불인데 '무슨 일이야 있겠어?' 하고 계속 간다면 사고가 날 가능성이 훨씬 더 커지겠죠. 빨간불일 때 걸음을 멈추는 건 사고가 나지 않을까 하는 불안에서 비롯된 행동입니다.

아이가 불안이 많으면 사실 키우기는 수월합니다. 낯선 곳에 가면 엄마 손을 꼭 잡고 있고, 위험한 행동은 하지 않으니까요. 반면 불안 수준이 낮은 아이들은 여기저기 돌아다니고 뭐든 만져보기 때문에 상대적으로 엄마가 피곤합니다. 불안이 높은 것에도 장단점이 있다는 말입니다.

공부도 마찬가집니다. '시험 좀 못 봐도 상관없지'라고 생각하면 시험에 대한 긴장이 없어 열심히 노력하지 않겠죠. 반대로 '시험 못 보면 큰일이야'라고 걱정한다면 열심히 공부할 겁니다. 그렇다고 불안이 너무 커도 공부가 안 됩니다. 적당히 불안할 때 공부가 가장 잘 됩니다.

불안이 과도해지면 문제가 됩니다. 예를 들어 아이를 처음 학교에 보내는 부모는 걱정이 많습니다. 아이가 잘 적응할지, 오가는 길에 사고를 당하지는 않을지, 나쁜 사람을 만나지는 않을지…. 이러한 걱정이 과도해지면 아이를 과잉 통제하게 됩니다. 따라서 어떤 감정이든 적절한 선을 유지하는 게 가장 중요합니다.

도둑이 현관 비밀번호를 누르고 들어오면 어떡하나 하는 건 아이가 충분히 할 수 있는 걱정입니다. 사실 우리도 그런 걱정을 합니다. 뉴스에서 안 좋은 소식을 많이 듣다 보면 불안해지기도 하니까요. 지진이나 아빠 건강에 대한 것도 마찬가집니다. 이 정도 걱정으로 아이의 걱정이 과하다고 이야기할 수는 없습니다.

커가면서 사물에 대한 인식의 폭이 넓어지면 죽음이나 재난 같은 추상적 개념이 불안을 일으킬 수 있습니다. 1학년 아이 중에는 재난훈련 영상을 보고 무섭다고 우는 아이들도 있어요. 텔레비전에서 사고나 홍수, 지진과 같은 장면을 보면 자신에게도 그런 일이 일어나지는 않을까 걱정하는 거죠. 그렇지만 이런 종류의 불안이나 공포는 오래가지 않습니다. 시간이 지나면 수그러드는 게 대부분입니다. 너무 오랫동안 불안해하거나 학교생활에 지장을 줄 정도가 아니라면 일단은 그냥 지켜보세요.

어떤 부모는 아이에게 그건 사실이 아니라거나 바보 같은 소리 하지 말라며 윽박지르기도 합니다. 그렇지만 무섭다고 할 때 아이들의 감정은 진심이기 때문에 일단은 인정해주는 게 좋습니다.

부모의 불안이 아이에게 영향을 주기도 합니다. 부모가 뭔가를 두려워하는 걸 알게 되면 아이가 더욱 무서워할 수도 있습니다. 어떤 부모들은 뉴스에서 본 내용을 과장해서 말하면서 불안을 더 조장하는 경우가 있어요. 물론 아이에게 조심성을 키워주려는 목적이지만,

그런 의도라면 그냥 조심하라고 말하면 됩니다. 부모가 강하게 말할수록 아이들은 그 일이 실제로 일어날 수 있다고 생각합니다.

때로 아이들은 불안을 악용하기도 합니다. 밤에 혼자 못 잔다거나 화장실에 갈 때마다 엄마와 같이 가야 한다는 아이를 데리고 오는 부모님이 있습니다. 뭔가를 무서워할 때 부모가 관심을 보이면, 아이들은 그 불안을 이용해 제멋대로 행동할 수도 있습니다. 학교 화장실이 무서워 학교에 못 가겠다고 하거나, 엄마가 외출하지 못하게 하고, 잠시라도 나가면 계속 전화를 하면서 엄마를 힘들게 할 수 있다는 거죠. 반대로 엄마가 불안을 이용해 아이를 통제하는 경우도 많습니다. 혼자 나가면 길을 잃는다거나, 엄마가 안 된다고 하는 것을 먹으면 병이 난다거나 하는 말을 과하게 하면 아이는 조심을 하는 게 아니라 겁을 먹게 됩니다. 요즘 아이들이 느끼는 가장 큰 불안은 공부를 못하면 가난하고 불행한 사람이 된다는 거예요. 아이들은 가난이나 불행이 구체적으로 뭔지 모르기 때문에, 공부를 못한다는 건 알 수 없는 어둠으로 빠지는 거라고 느껴요.

학교생활에 영향을 준다면
불안장애 치료가 필요하다

불안이 학습이나 친구 관계에 영향을 준다면 진지하게 받아들여야 합니다. 이런 아이는 불안장애일 가능성이 큽니다. 아이가 이런 증상을 보인다면 일단 소아정신과에 가서 불안에 대해 어떤 방식으로 도움을 받을 수 있을지 알아보면 좋을 것 같습니다.

부모 중에도 이런 문제를 가진 사람이 꽤 있습니다. 불안장애 중 흔한 게 공포증입니다. 이를테면 저는 개 공포증이 있습니다. 개가 보이는 그 순간부터 몸이 얼어붙습니다. 어렸을 때 개한테 물린 적이 있거든요. 이처럼 특정 대상에 대한 공포증이 있는 사람들은 제법 많습니다. 저는 치료를 받지는 않습니다. 왜냐면 일상생활에 영향을 주지는 않기 때문입니다. 개를 마주칠 일이 별로 없고, 마주칠 것 같으면 피해 가면 되니까요.

하지만 사회공포증 같은 경우는 좀 힘듭니다. 세상 어디에나 사람이 있잖아요. 사람들과 교류해야 하는데 그걸 못한다면 생활에 큰 지장을 줍니다. 그래서 이런 경우는 꼭 치료를 받아야 합니다. 사회공포로 치료를 받아야 하는 상황은 학생이라면 발표를 못하는 경우, 직장인이라면 남들 앞에서 자신의 의견을 표현하지 못하는 경우입니다.

그런데 앞선 사례의 아이가 가진 불안의 양상은 '일반화된 불안'이라고 합니다. 일반화된 불안장애는 그냥 불안이 여기저기 떠돌아다니는 거예요. 즉, 뭐든 다 불안한 겁니다. 매사 걱정이 있는데 그 걱정이 과도해서 일상생활을 지속하는 데 지장을 초래할 경우를 가리켜 일반화된 불안장애라고 합니다.

아이들에게 이런 문제는 생각보다 흔하게 나타납니다. 기질이 좀 예민하고 걱정이 많은 아이 중 성장기에 걱정이 과하게 느껴지기도 합니다. 많은 부모가 그냥 넘어가기도 하고요. 하지만 이 아이는 도움을 받았으면 합니다. 바라보는 엄마보다 아이가 느끼는 고통이 훨씬 더 크기 때문입니다. 아이는 보는 것보다 많이 괴로울 거예요. 아이의 고통이 조금이라도 줄어들 수 있도록 상담과 치료를 권해드립니다.

승패를 받아들이는 태도가 좌절내구력을 좌우한다

한번은 초등학교 4학년 남자아이가 학교생활을 잘 못한다고 저를 찾아왔습니다. 반 아이들이 이 아이와 같이 놀지 않으려고 한다는 겁니다. 선생님이 중재해도 소용없었습니다.

사정은 이랬습니다. 이 아이가 축구를 아주 잘하는데, 축구를 하면 반드시 이겨야 하는 겁니다. 여기까지는 그럴 수 있죠. 운동 경기에서는 승부욕이 도움이 되니까요. 문제는 이 아이가 축구에서 졌을 때였습니다. 어떤 아이 때문에 졌다고 생각하고 그 아이에게 달려가 화를 내고 비난한다는 겁니다.

경기마다 (아이 생각에) 못한 아이들은 있게 마련입니다. 결과적으로 이 아이는 자기 팀의 모든 아이에게 화를 낸 거죠. 당연히 다른 아이들은 다음부터 축구에 이 아이를 끼워주지 않게 되었습니다. 축구라는 건 팀플레이인데, 팀원들과 조화를 이루지 못하니까 결국 자신이 정말 좋아하고 잘하고 싶은 축구에서 배제된 겁니다.

경쟁심도 강하면서 협동하려는 마음도 있으면 괜찮습니다. 그런데 상담을 하다 보니 이 아이가 아주 자기중심적이라는 것을 알게 되었습니다. 축구를 못하는 아이가 있다면 그 팀에서 빠지거나 비난받는 게 당연하다는 얘기만 반복하더라고요.

이런 상담도 기억납니다. 여덟 살 아이였는데, 이 아이도 게임에서 지는 것을 아주 힘들어했습니다. 지기 싫어하는 성향이 아주 강했던 거죠. 보드게임, 끝말잇기, 무궁화꽃이피었습니다 등 모든 놀이에서 자신이 질 것 같으면 중간에 규칙을 바꾸자고 하고, 게임에서 지면 삐쳤습니다. 엄마는 아이가 이기적인 사람으로 클까 봐 걱정이 많았습니다. 이런 아이는 어떻게 훈육해야 할까요?

게임은 지는 사람과 이기는 사람이 나오는 경쟁입니다. 누구나 지는 것은 불쾌합니다. 좌절감, 실망감, 박탈감, 더 심각해지면 피해의식 같은 부정적인 감정도 느낄 수 있습니다. 경쟁에서 지면 원하는 보상을 못 받게 되거나 때로는 벌칙을 받을 수도 있는데, 이건 결국 생존과 밀접한 관련이 있습니다. 우리가 게임에서 지면 보통 '죽었다'라는 표현을 하잖아요. 게임은 세상을 상징하는 하나의 가상세계입니다. 아이들은 게임을 하면서 경쟁에서 졌을 때의 좌절감을 견디는 훈련을 하게 됩니다.

그런데 어릴 때는 누구나 자기중심적이고 감정을 견디는 능력이 없습니다. 사소한 거라도 지면 아주 싫어합니다. 그런데 이런 모습을 계속 유지한다면 사회생활을 잘 할 수 없겠죠. 집단생활을 위해서는 이길 때도 있지만 질 때도 있다는 걸 받아들여야 합니다.

그렇다면 여덟 살 아이가 이런 일이 있을 때 삐치는 건 괜찮을까요? 그건 아이의 또래 관계를 봐야 알 수 있습니다. 아이들이 모여서 어떤 놀이를 했는데, 다른 아이들은 져도 "내가 졌네" 하고 끝나는데 우리 아이만 너무 격한 반응을 보인다거나, "나 안 해"라면서 집에 가버린다든지 하면 사회성이 부족한 걸로 볼 수 있습니다.

만약 집에서는 고집을 부리고 삐치더라도 밖에 나가면 적당히 양보하고 패배도 적당히 받아들인다면 크게 걱정할 필요는 없습니다. 이 경우 집에서는 엄마가 피곤하지 않을 정도로 져주는 것도 생활의 지혜일 것입니다.

초등 엄마들이 학교에 대해 꼭 알아야 할 것

저는 촌지가 극성을 부리던 시대에 학교를 다녔기 때문에 교사라고 하면 좋게 보기가 어려웠어요. 딸이 초등학교 다닐 때는 현금을 받는 것은 금지됐지만 화장품이나 선물권을 받는 건 크게 문제가 되지 않았어요. 그런데 첫째와 여섯 살 차이 나는 아들이 학교에 들어가자, 사회 분위기가 완전히 바뀌어 촌지라는 문화는 완전히 없어졌습니다. 돌이켜보면 그때는 부모에게 교사나 학교는 어려운 존재였던 것 같습니다.

그런데 요즘은 부모와 교사의 관계가 많이 바뀐 것 같아요. 교사 중에 우울증 때문에 병원에 오는 경우도 많습니다. 교사들의 사연을 들어보면 우울증 걸릴 만하다 싶었어요. 학생들과 관련한 불만이나 문제를 교사와 상의 없이 교육청으로 민원부터 넣는 학부모도 많고, 아이의 기분을 살펴주지 않는다고, 아이의 불만만 듣고 항의하는 경우도 많다고 해요.

아이를 지도하는 교사들의 스트레스가 이렇게 높은 건 아이들에게도 좋지 않습니다. 학부모들이 학교에 대해 제대로 이해하고 반응해야 하지 않을까 하는 생각이 들었습니다.

민원으로 문제를 해결하지 마라

요즘 학부모 중에 아이가 스트레스를 받는다 싶으면 민원을 넣는 분들이 많다고 합니다. 교사는 학생들을 가르치는 직업입니다. 상식적이고 보편적인 가치관을 갖고, 자기가 하는 일에 책임감을 느끼면 되는 것이지요. 부모도 마찬가지입니다. 아이를 낳으면 부모가 되지만, 모두가 육아에 대한 능력과 책임감을 가지는 것은 아닌 것과 마찬가지지요. 아이를 키울 때 누구나 최선을 다하지만, 그렇다고 모두가 훌륭한 인격을 가진 부모가 되는 건 아닙니다.

교사도 사람이기 때문에 기분이 좋을 때가 있는가 하면 나쁠 때도 있고, 학생과 관련된 어떤 일은 기꺼이 하지만, 하지 않거나 할 수 없는 일들도 있습니다. 심리 치료를 하는 사람들도 환자에게 사적인 감정을 느끼는 경우에는 다른 치료자에게 의뢰하는 게 원칙이에요. 과도한 민원은 교사를 지치게 하고 결국 그 여파는 아이에게 미칠 수도 있습니다. 교사 입장에서 교사들이 힘들어하는 민원 내용을 몇 가지 알려드릴게요.

첫 번째는 아이 기분이 상했다고 민원을 하는 경우입니다. 객관적인 근거 없이 "아이가 선생님 때문에 학교에 가기 싫대요", "선생님이 무섭게 해서 힘들어해요"라면서 학교나 교육청에 민원을 넣는 경우가 있어요.

저도 가끔 친절하지 않다거나 무서운 표정을 지었다고 불평을 듣는 경우가 있습니다. 보통 심리평가를 할 때인데, 모든 검사는 아이에 따라 다른 태도로 지시하면 자료의 신뢰성이 떨어지기 때문에 중립적으로 해야 하거든요. 이런 불평을 하는 아이 중에는 엄마가 다정한 경우가 많아요. 저를 불편하게 느끼는 건, 제가 다정한 엄마와는 분위기가 많이 다르기 때문이죠.

학교도 마찬가지입니다. 학교는 필요에 의해 배우러 가는 곳이지, 아이의 기분을 좋게 만들기 위해 가는 곳이 아닙니다. 한 명의 아이가 기분이 나쁘다고 불만스러워한다고 교사가 그 아이 기분에만 맞춰줄 수는 없잖아요. 그러면 그날 모든 아이들 기분을 맞춰주어야 하는데 아이들 각각의 기분을 맞추는 것이 교사의 일이 아닙니다. 하나나 둘 있는 자식 기분도 맞추기 힘든데, 20명이 넘는 아이들 기분을 어떻게 모두 맞출 수 있겠어요.

칭찬을 많이 해달라는 요구도 교사를 곤란하게 합니다. 한 아이만 칭찬할 수는 없으니 반 아이들 모두에게 각각 칭찬을 해줘야 할 텐데, 수업 시간 내내 모두의 칭찬만 할 수는 없지 않을까요? 또 더 중요한 건 세상에 적응하려면 격려나 칭찬이 있을 때와 없을 때 큰 차이 없이 안정적으로 자기 할 일을 해야 한다는 점입니다. 초등학교 3학년만 넘어도 선생님 칭찬보다는 또래의 인정이 중요해져요. 나이가 들어갈수록 사람들은 비슷한 연령대와 어울려 살아야 합니다. 누군가의 칭찬을 듣는 것보다, 문제행동을 하지 않고 또래의 인정을 받는 게 훨씬 중요한 이유입니다.

또 아이가 불평하거나 적응을 힘들어하면 또래 아이들을 비난하는 경우도 많다고 합니다. 우리 아이는 원래 착한데 친구를 잘못 사귀어서 그렇게 됐다는 이야기는 저도 많이 듣는데요. 우리 아이가 적응 못 하는 이유가 친구 아이의 엄마가 워킹맘이라 제대로 돌보지 않아서 그런 것 같다고 하는 이야기도 듣습니다. 그러면 '저도 워킹맘인데요'라고 하면서 웃어요. 애들이 어릴 때는 이런 말이 불편했는데 이제는 웃어넘길 수 있습니다. 워킹맘의 애들이 모두 문제가 있는 것도 아니고, 아이가 학교 생활을 힘들어할 때 또래 아이의 문제만이 유일한 원인이지는 않습니다.

그런데 아이들이 학교에 적응 못 하는 이유로 교사를 탓하기도 합니다. 아이들에게는 교사보다 부모가 훨씬 중요합니다. 부모가 안정적이고 부부 사이가 좋으면 교사의 태도가 크게 영향을 미치지는 않아요. 그리고 교사가 마음에 들지 않는다고 전학을 갈 수도 없잖아요. 원하는 직장에 들어갔는데 상사가 마음에 안 든다고 때려치우면 다닐 수 있는 직장이 적어지겠죠. 이럴 때 아이 앞에서 교사를 비난하면 아이는 학교에 대해 더 부정적인 감정을 가질 수 있습니다. 어떻게 하는 게 아이의 학교생활에 도움이 될지 넓은 시각을 갖고 보면 좋을 것 같아요.

전문가 도움이 필요해 보여서 교사가 어렵게 입을 뗐는데 이것 때문에 민원을 넣는 부모도 있다고 합니다. 이런 말을 할 때 교사들은 열 번도 넘게 고민합니다. 우리 말에 좋은 게 좋다는 말이 있잖아요. 굳이 기분 나쁠 수 있는 말을 하는 게 교사로서도 힘들지만 이대로 두면 문제가 심각해질 수 있으니 교사의 책임감 때문에 하는 겁니다. 저도 아이에게 문제가 있는 것 같다고 말할 때 부모의 기분을 먼저 살펴봐요. 마음의 준비를 하고 온 부모도 있지만 받아들이기 힘들어하는 경우도 많거든요. 부모가 준비가 되어 있지 않은 경우에는 아무리 전문가라고 해도 부작용이 날 수도 있어 조심하게 됩니다. 교사에게 저런 말을 들었다면 어떻게 하는 것이 아이에게 도움이 될까를 먼저 생각해보면 좋을 것 같습니다.

사회성이 부족한 아이도 교사를 고민하게 만드는 원인이에요. 다음과 같은 행동은 병증이 아니긴 하지만 고치지 않고 성장하면 문제가 될 가능성이 높다고 해서 부모들이 알고 있으면 도움이 될 것 같아요.

첫 번째로 교사의 지시를 따르지 않고, 규칙을 어기면서도 잘못

했다는 것을 인정하지 않는 아이들이 예전에 비해 많아졌다고 합니다. 저도 이런 아이들을 보는데요. 병원에 오면 당연히 하는 걸 하는데도 왜 선생님 마음대로 하느냐는 아이를 보았어요. 물론 내키지 않거나 힘들 수 있지만 대부분의 아이가 해야 하는 것은 할 수 있는 아이로 키우는 게 중요합니다. 사소한 것이더라도 규칙을 지키지 않는 아이는 점차 규칙을 지키지 못하는 아이로 성장할 수 있습니다. 규칙과 기본예절은 반드시 지키게 해주세요.

두 번째로 예전과 비교해볼 때 보건실에 가거나 결석하는 아이들이 부쩍 늘었다고 합니다. 아파서 그런 경우도 있지만, 습관적으로 수업을 피하는 아이들이 있다는 거죠. 아프지도 않은데 왜 보건실에 가는지 물어보면 그냥 수업 듣기 싫다는 게 이유예요.

고리타분한 이야기일 수 있지만, 우리는 자라면서 학교는 반드시 가야 한다고 배웠습니다. 저도 아이들에게 결석이나 지각은 하면 안 된다고 했는데, 여기에는 세상살이에 필요한 중요한 원칙이 내재되어 있어요. 아이일 때 결석이나 지각을 많이 하면 성인이 되어서도 규칙적으로 해야 하는 일들에 불성실한 태도를 보일 가능성이 높습니다. '힘든데 하루 쉬지'라는 마음을 가지면 어디에서도 환영받지 못할 거예요. 부모들이 힘들다고 하루만 아이 돌보는 걸 중단하는 상황을 생각해보세요. 살아가면서 정말 중요한 일은 일상에서 반복적으로 해야 하는 일입니다.

세 번째로, 기분이 상하거나 화가 난다고 소리를 지르고 물건을 던지고 심지어 부모를 때리는 아이들입니다. 감정 조절을 못하는 대표적인 모습이지요. 누구나 감정을 느끼지만, 감정은 사회적으로 허용되는 방식으로 표현해야 해요. 사회성 훈련에서 제일 먼저 배우는 것이 화가 난다고 사람을 때리거나 욕을 하거나 물건을 파손하면 안 된다는 것입니다. 성인의 경우 이런 행동은 바로 법으로 제재를 받습니다. 감정은 반드시 조절된 방식으로 표현해야 한다는 것을 꼭 가르쳐주세요. 학교에서 가장 먼저 문제가 되는 것이 바로 감정 조절의 문제이기 때문입니다.

아이의 문제는 교사의 의견부터 들어라

제가 만난 많은 엄마들이 저에게 오기 전 인터넷이나 책, 방송을 통해 엄청난 양의 정보를 찾아봅니다. 주의력결핍과잉행동장애 정도는 어느 정도 어림짐작을 하고 오지만 애매한 문제는 육아서적과 커뮤니티, 유튜브를 모두 섭렵한 뒤 결론을 내렸다가 여러 번 시행착오를 한 뒤 오는 경우가 많아요. 아니면 문제가 아닌 줄 알았는데 예상치 못한 상황에 부딪혀 다급하게 오는 거죠. 문제가 생겼을 때 관련 정보를 뒤져보는 건 바람직하지만 문제는 그 정보가 믿을 만한지를 검증하지 않는다는 거예요. 묻지도 따지지도 않고 정보를 흡수하다 보면 정보들끼리 충돌해 아무것도 찾아보지 않은 상태보다 더 혼란스러워지는 경우가 많습니다.

이런 엄마를 만날 때마다 제가 늘 놀라는 것은 교사의 의견을 제대로 들어본 사람이 많지 않다는 것입니다. 특히 학교 교사가 아이에 대해 의견을 말하면 기분 나빠 하고 교사를 헐뜯는 경우가 많더라고요. 교사도 사람인데 듣기 싫은 말을 하는 건 당연히 불편합니다. 그럼에도 학부모에게 아이의 문제를 말한다는 건 그대로 두면 문제가 커질 수 있다는 경험에 따른 판단 때문이에요.

전문가들은 교사 의견을 상당히 중시합니다. 부모 대신 조부모가 아이를 키웠다면 조부모가 함께 오도록 요청하는 경우도 많고요. 아이들은 자기 문제를 말할 수 없기 때문에 객관적인 평가자가 중요하다는 점은 모든 교과서가 강조하는 부분이거든요. 심지어 부모가 교사가 같은 질문지를 동시에 작성하는 경우도 있는데, 그 결과 둘 간의 차이가 크면 교사 의견을 우선적으로 검토하게 되어 있어요. '애들 다 그렇지 뭐', '멀쩡한 애를 갖고 왜 그래?' 같은 이웃의 말은 대부분 의미가 없어요. 잠깐 위로가 될 뿐이죠.

교사의 의견은 매우 중요합니다. 교사가 편견을 가졌다는 분명한 증거가 없는데 아이에게 문제가 있는 것 같다는 이야기를 들었다면, 반드시 전문가를 찾아가세요. 진단을 내릴 수 있는 전문가로는 소아정신과 의사와 임상심리학자를 들 수 있습니다.

정신과 의사는 당연히 병리에 대해 철저하게 훈련이 되어 있고, 임상심리학자 역시 정신병리학을 배운 뒤 병원에서 수련을 받기 때문입니다. 의사가 진료를 보고 진단을 확인하기 위해서는 대부분 풀 배터리(full battery)라는 종합심리평가를 받게 합니다. 이 검사 안에는 발달 수준 검사 외에도 정신병리에 대한 각종 검사 도구들이 포함되어 있으므로 아이의 문제가 의심될 경우 꼭 이 검사를 받아보기를 권합니다.

아이의 적응에 문제가 있는 것 같다는 교사의 의견이 있다면 소아정신과 진료와 임상심리학자로부터 종합심리평가를 받아볼 것을 강하게 추천드려요. 책이나 커뮤니티의 정보 중 임상경험이 있는 사람이 주도하는 것이라면 어느 정도 믿을 만해요. 제일 조심스럽게 듣고 받아들여야 하는 것은 자기 아이를 키워본 경험으로 말하는 엄마들의 경험과 정보입니다. 그 사람의 경험과 정보가 틀렸다는 게 아니라, 똑같은 장애가 있더라도 아이마다 나타나는 양상이 다르기 때문입니다.

2부

초등 아이의 사회생활, 친구 관계

사회성이 좋다는 것이 친구가 많다는 뜻은 아니다

어려서부터 낯을 가리지 않고 다른 사람이 안아주려고 하면 금방 안겨서 방긋방긋 잘 웃는 아이들이 있어요. 이런 아이들을 데리고 다니면 아이가 순하다거나 사랑스럽다는 말을 많이 듣지요. 그런가 하면 반대되는 아이도 있습니다. 놀이터에 데려갔는데 다른 아이들 옆에는 가지도 않고 모래흙만 헤집다가 삼십 분도 안 돼 집에 가자고 합니다. 부모로서는 모처럼 밖에 나왔는데 제대로 놀지도 않아 속상하기도 하지만 아이가 사회성이 부족해서 친구와 못 어울리나 하는 걱정도 들게 됩니다.

학교에 가기 전까지는 막연하게 좋아질 거라고 생각하다가 막상 학교에 들어갈 때가 되면 '사회성'에 대한 걱정이 장마철 먹구름처럼 몰려옵니다. 아이를 보내고 집에 있으면 이런저런 장면이 머릿속에 떠오르죠. 쉬는 시간에 다른 애들은 무리를 지어 노는데 내 아이만 자리에 앉아 꼼짝도 안 하는 장면, 등하굣길에 여러 명이 떠들면서 오가는데 우리 애만 혼자 땅을 보며 오는 장면…. 한번 상상을 시작하면 불길한 생각은 꼬리에 꼬리를 물고 떠오릅니다.

학교에 다니는 아이에게 친구가 없다는 건 심각한 문제입니다. 사람은 사회적 동물인데 어려서부터 친구를 사귀지 못한다면 이후 삶에서도 큰 영향을 받습니다. 그렇지만 친구는 서로 어울려 관계를 맺고 유지하는 게 본질이지 친구의 수가 중요하지 않습니다. 기질적으로 새로운 것을 좋아하는 아이들이나 외향적인 아이들은 내향적인 아이들에 비해 친구도 많고 놀이에 적극적으로 끼어들어요. 많은 엄마가 이런 모습을 사회성이라고 착각하는데, 소수의 친구라도 함께 정한 규칙을 존중하고 배려하면서 어울릴 수 있다면 그것으로 충분합니다.

애들 뒷바라지에 열의가 높은 엄마들은 초등학교 이전부터 인맥을 만들어 관리해주기도 해요. 같은 유치원에 다니는 아이 중 우리 아이와 잘 맞을 것 같은 아이가 있으면 그 아이 엄마와 친해져 많은 활동을 같이하는 겁니다. 학원도 같이 보내고 과외활동을 함께하면서 다져진 우정이 초등학교에 가서도 영원할 거라고 믿는 거죠. 제가 보기엔 이상한 표현인데, 이런 걸 '아이들을 놀린다'고 하더라고요. 엄마들이 의도적으로 함께하는 자리를 만들어 친구를 사귀게끔

해주는 걸 의미하는 것 같은데, 놀이도 엄마 주도로 변질된 걸 보여주는 말 같습니다. "걔네들은 어렸을 때부터 절친이래. 엄마들끼리도 친해. 놀러 갈 때도 같이 간대." 아이에게 이런 말을 들으면 이 대열에 끼지 못한 엄마들의 심장이 덜컥 내려앉죠. 친구를 만드는 것도 엄마의 능력인가 싶고, 엄마 노릇은 정말 힘들다고 하며 좌절하기도 합니다.

초등학교 1학년까지는 엄마들의 노력이 어느 정도 효과가 있을 수 있어요. 다 같이 낯선 환경에서 새로운 아이들과 함께 지내게 됐는데 한 명이라도 익숙한 아이가 있으면 학교생활에 적응하는 데 도움이 될 수 있죠. 그렇지만 그 효과는 오래가지 않습니다. 다른 반이 되면 어울릴 시간이 많지 않아 금방 소원해지기도 하고, 더 관심 가는 친구와 친해질 수도 있으니까요.

이런 관계를 만들거나 유지하는 과정에서 엄청난 스트레스와 트라우마를 겪기도 합니다. 아이들은 한자리에 모아놓는다고 해서 무조건 친해지지 않아요. 서너 명만 같이 있어도 '저 아이는 우리 애와 마음이 맞는데 얘는 아닌 것 같아'라며 마음에 들지 않는 아이는 배제하려 하고, 인기 있는 아이와는 서로 놀려고 하는 정글 같은 상황이 조성됩니다. 소외된 엄마는 다른 사람들을 찾아다니며 이유를 묻고 따지다 상처받고, 인연을 끊어도 마음이 편치 않아 이사까지 갔다는 이야기를 한 번쯤은 들어보았을 거예요.

아이에 대해 강하게 몰입하는 부모일수록 통제 욕구가 강해, 원하는 게 안 되면 참기 어려워합니다. 어울려 놀던 아이 중 하나가 다른 아이와 더 친해지면 서운한 아이는 엄마에게 말하고, 그 말을 들은 엄마는 상대 엄마에게 서운하다고 하는 경우도 있습니다. 난처해진 엄마는 그 친구와 계속 사이좋게 놀라고 하지만 아이에게 우정을 강요할 수는 없어요. 같이 있어서 즐겁고 나를 배려해주는 사람과 함께 있고 싶은 건 누구나 똑같잖아요.

이 정도면 어울리는 친구가 몇 명인지, 얼마나 오래 알아왔는지가 크게 중요하지 않다는 것을 이해할 수 있으리라고 생각합니다. 아이들은 어른과 함께 있을 때와 그렇지 않을 때 행동이 다르다는 것도 알아두어야 해요. 어른들과 함께 있을 때는 지시에 따라 질서를 유지하지만, 지켜보는 눈이 없으면 곧 자기들만의 놀이를 통해 다른 방식으로 협상과 타협을 하게 됩니다. 어른의 눈으로 보면 공평하지도 않고 누군가에게는 크게 부당해 보이는 것도 있지만, 아이들 눈에는 더 재미있게 놀 수 있는 방법일 뿐이에요.

단짝 친구가 꼭 필요한 건 아니다

아람이는 초등학교 2학년입니다. 그런데 최근 들어 학교 가기 싫다는 말을 자주 합니다. 하루는 또 그런 소리를 하기에 엄마가 말했어요.

"그래. 주말에 쉬고 가려니 힘들 수 있지."

그랬더니 아이가 이렇게 말했습니다.

"그게 아니라, 난 단짝이 없단 말이야. 쉬는 시간에 놀 친구가 없어서 속상해."

사실 아람이는 2년이나 같은 유치원을 다녔던 단짝 친구가 있었어요. 엄마들끼리 친해 같이 놀던 무리 중 가장 가까운 친구가 된 아이였습니다. 그런데 초등학교에 들어가 두 아이는 다른 반이 되었습니다. 아람이는 허전하기는 했지만 그럭저럭 다른 아이들과 어울리면서 1학년을 보냈는데, 2학년이 되자 두 아이가 다시 같은 반이 된 겁니다. 아람이는 뛸 듯이 기뻤습니다.

그런데 아람이의 기대는 곧 실망으로 바뀌었습니다. 친구는 1학년 때 새로 사귄 친구와 더 가까이 지냈거든요. 아람이는 그 친구와 둘이서만 놀 기회가 거의 없었고, 새로운 친구와 셋이 놀 때면 끼어들지 못하는 느낌 때문에 놀고 나면 기분이 좋지 않았습니다.

이런 사실을 알게 된 엄마는 두 아이를 집에 초대해 맛있는 걸 먹으며 함께 놀 기회를 만들어보려고 했지만, 큰 효과가 있는 것 같지 않았습니다. 급기야 엄마는 아람이 단짝이었던 아이 엄마에게 부탁해볼까 고민하기에 이르렀습니다. 아람이가 놀자고 할 때 적극적으로 나서준다거나 아람이와 지금보다 자주 놀아달라고 이야기해준다면 더 낫지 않을까 해서죠. 아람이가 혼자서도 잘 놀고 친구들과도 잘 어울리는 아이가 됐으면 했는데, 생각과 달리 현실은 그렇지 않았습니다. 엄마는 자신이 뭘 잘못했는지 안타깝고 답답하기만 합니다.

저학년에게 단짝 친구가 꼭 필요한 건 아니다

아람이 엄마의 고민에 공감하는 분이 많을 것으로 생각합니다.

먼저, 아람이는 학교 가기 싫다고 말했습니다. 아이가 학교에 가기 싫다고 할 때는 진짜 학교에 가고 싶지 않은 걸 수도 있고, 그냥 투정일 수도 있습니다. 이유는 들어봐야 합니다. 혹시라도 학교폭력에 시달리고 있다면 그건 해결이 필요한 문제니까요.

그게 아니라면 학교에 가기 싫다는 아이에게 무조건 마음을 읽어주고 엄마가 해결해주려고 하는 건 오히려 문제를 키울 수 있습니다. 아람이 엄마처럼 "그래. 주말에 쉬었다가 학교 가려니 힘들 수 있지"라고 공감을 해주면 아이는 어떤 마음이 들까요?

'맞아. 학교 가는 건 정말 힘든 거야. 난 정말 안 가고 싶어.'

이렇게 흘러가는 게 아이의 마음입니다.

'엄마가 내 마음을 알아주니까 스트레스가 풀리네. 내일부터는 학교에 열심히 가야지'라고 생각하는 건 엄마의 바람일 뿐입니다. 학교 가기 싫은 마음에 지나치게 공감해주면 아이가 더 학교 가기 싫어할 수 있다는 이야기입니다.

그리고 아람이는 '단짝이 없어서' 학교 가기 싫다고 마음을 설명했죠. 아람이 학교는 2학년이 두 반이고, 한 반에는 25명의 아이들이 있습니다. 그중에 여자아이는 12~13명 정도 되겠죠. 이 중 아람이가 같이 놀고 싶은 아이는 '유치원 때 단짝 친구'인데, 그 친구가 다른 아이랑 노는 걸 더 좋아하는 것 같다는 게 아람이 고민입니다. 그래서 엄마가 그 친구 엄마에게 이야기해서 우리 애 좀 끼워달라고 부탁하겠다는 거고요.

아람이 엄마는 아람이가 친구들과 잘 어울릴 수 있도록 엄마들 모임에 적극적으로 참석하고, 모임을 주도한 적도 많았습니다. 그러다 보니 아람이 주변에는 아이들이 많았고, 함께 여행 간 적도 많아서 아람이는 친구가 없다는 생각을 해본 적이 없었죠. 엄마가 앞장서서 아이들이 놀도록 자리를 만들어준다는 것은 엄마가 통제하는 환경에서 친구들과 어울린다는 의미입니다. 엄마는 아이가 굳이 친구에게 애써서 다가갈 필요도 없고 갈등이 생길 여지도 없이 아주 꼼꼼하게 관리를 해주었을 거예요.

그런데 '단짝이 없다'는 말에 대해 생각해봅시다. 초등학교 2학년이 꼭 단짝이 있어야 할까요? 단짝이라는 말에는 배타성이 내재되어 있기에 아이는 단짝 외에 다른 아이와 더 친하게 노는 건 배신이라고 느낄 수 있습니다. 누구보다 친하게 지내야 하고, 무리 안에서는 항상 편이 되어주어야 한다고 느끼는 관계가 단짝입니다.

한 명과 특별히 친해서 그 친구를 제외하고 다른 아이들이 부차적이라고 느끼는 마음은 4학년 이상이 되어야 생기는 게 보통입니다. 물론 저학년 때도 단짝이라는 말을 사용할 수는 있지만, 단짝이라는 말이 가진 배타성을 이해하는 건 저학년에게는 어려울 수 있습니다. 3학년 이하의 아이들은 우선순위 없이 어울려 노는 경우가 훨씬 더 많습니다.

그래서 2학년인 아이가 단짝이 없다고 걱정하는 건 좀 이르다고 볼 수 있습니다. 엄마가 주도해서 노는 자리를 만들어주고, 그중 특별히 잘 노는 아이와 특별히 많이 놀도록 해줘서 만든 단짝 친구와 아이가 주도해서 사귄 친구는 그 의미가 아주 다릅니다. 아람이의 경우는 단짝이라는 개념을 너무 일찍 만들어준 게 아닌가 하는 생각이 듭니다.

아이가 스스로 친구 관계를 경험할 기회

아람이의 평소 모습은 어떤지 물어보았습니다. 아람이는 내향적이고 예민하고 겁이 많고 소심한 아이입니다. 혼자서 엘리베이터 타는 것도 무서워합니다. 마트나 문구점에도 혼자 가본 적이 없습니다.

기질적으로 이런 아이들이 있을 수 있습니다. 하지만 2학년인데 혼자서 엘리베이터 타는 걸 무서워하고 가까운 마트에 혼자 가본 적도 없다면, 아이가 무서워할 때 엄마가 많이 동행해준 걸로 보입니다.

그런데 이렇게 생각해보면 어떤가요? 엘리베이터를 혼자 못 타면 엄마는 같이 타주지만 친구는 그렇지 않다는 걸 아이가 알고 있을까요? 제가 만난 아이 중에는 학원 엘리베이터를 혼자 못 타서 할머니와 꼭 같이 가는 아이가 있었습니다. 그 학원에는 같은 학교 아이들이 많았는데, 친구들이 엘리베이터 타는 걸 혼자 못 하는 아이를 보고 같이 놀고 싶은 마음이 들까요?

또 아람이는 놀이터에서 노는 것보다 집에서 노는 걸 더 좋아합니다. 문제는 다른 친구들은 대부분 나가서 놀고 싶어 한다는 겁니다. 더 놀고 싶다면 애들과 나가기도 해야 합니다. 친구를 사귄다는 건 이런 거예요. 친구들과 어울리려면 내가 하고 싶은 대로만 할 수는 없습니다.

이건 엄마가 걱정할 문제는 아닙니다. 초등학교 2학년쯤 되었으면 어디에서 놀지 정도는 아이들이 결정합니다. 엄마가 범위를 정해줄 수는 있지만, 어디는 되고 어디는 안 된다는 식으로 하면 친구와 놀 기회는 제한될 수밖에 없습니다.

게다가 아이들이 3학년쯤 되면 친구와 놀 때 어른들이 지켜보는 걸 좋아하지 않습니다. 마음껏 상상의 나래를 펼치기도 어렵고, 비밀 이야기를 주고받으려다가도 눈치가 보일 테니까요.

따라서 초등학교 3학년이 넘은 아이의 엄마가 아이의 또래 관계나 놀이를 지켜보고 도와주고 있다면 나이에 맞지 않는 것입니다. 아이가 어디서 누구와 뭐 하고 노는지 엄마가 꼼꼼하게 알고 있다면, 아이를 제 나이보다 어리게 보고 있는 건 아닌지 생각해보세요.

아이들이 클수록 어른의 관리 없이, 아이들끼리 놀아보아야 합니다. 투덕거리기도 하면서 배우게 해야 합니다. 다툼이 생겼을 때 아이들끼리 중재하고 화해도 해봐야 합니다. 또래 관계에서 발생하는 문제를 스스로 견디거나 해결해본 경험이 없는 아이들은 친구의 거절 혹은 그와 비슷한 제스처만 보여도 괴로워합니다. 그리고 친구들이 내 뜻을 받아주지 않으면 크게 좌절하면서 더 이상 친구가 아니라고 생각하기도 합니다.

친구들에게 인기 있는 아이의 특징

여러 아이를 만나보면, 친구로서 인기 있는 아이들의 특징이 있습니다. 일단 재미있는 놀이를 주도합니다. "우리 뭐 하고 놀자", "우리 어디 가볼래?", "너 이거 해봤어? 같이 해볼까?" 등 이렇게 놀이를 주도하기 위해서는 외향적이거나 사교적인 기질을 타고나는 경우가 많습니다. 억지로 되는 일은 아닙니다. 많은 사람이 리더십 이야기를 하는데, 이건 어린 나이에 발휘할 수 있는 게 아닙니다. 리더십의 핵심은 비전을 제시한다는 데 있어요. 따라서 리더십이란 건 최소한 40세는 지나야 보이는 특성입니다.

또 아이들은 자신을 배려해주고, 기분을 공유하고, 필요로 할 때 옆에 있어주는 아이를 좋아합니다. "난 이거 하고 싶어"라고 할 때 "그래. 그럼 그거 하고 놀자"라고 말해주는 친구를 좋아한다는 말입니다. 이런 아이들은 '또래보다 어른스럽고, 상대에게 맞춰서 놀 수 있다'는 평을 듣습니다. 이건 어른들의 세계에서도 마찬가집니다.

이웃을 만나 "언제 차 한잔 같이 해요"라고 했을 때 "그래요. 같이 해요" 정도로는 대응해줘야 합니다. 간혹 차 한잔 마시자는 말을 곧이곧대로 듣고 연락을 기다리다 상대를 비난하며 멀리하는 경우가 있습니다. 차나 한잔 하자는 말이 흔히 쓰이는 인사말이라는 관습적인 표현을 알아야, 상대를 오해하지 않고 원만하게 사회에 적응하겠지요. 거기에다 상대방이 이런 말을 어느 정도나 중시하는지를 알아차리면 사회성도 갖추고, 센스 있게 사회생활을 하는 사람이 되겠죠. 사람들과 잘 지낸다는 건 상대의 뜻이 어떤지 알고, 어느 정도는 조정해서 맞출 수 있는 능력을 전제합니다.

그런데 아람이처럼 친구에게 다가가보기도 전에 단짝 친구가 없다고 불평하는 아이는 관계를 시작하고 유지하는 데 필요한 내구력이 약하다고 봐야 합니다. 친구 관계를 맺기 위해서는 상대가 전부, 항상 마음에 들지 않더라도 그 사람과 관계를 유지하는 능력이 필요합니다.

좋은 친구가 되기 위해서는 친구가 나와 성향이 다르더라도 서로 맞출 수 있어야 합니다. 나는 집에서 노는 걸 좋아하고 친구는 밖에서 노는 걸 좋아한다면, 한 번은 집에서 놀고 한 번은 밖에서 놀자고 타협할 줄 알아야 합니다. 아이가 이런 능력을 갖추었는지 살펴볼 필요가 있습니다. 이는 아이가 나이에 맞게 상대를 이해하고 배려하고 양보하고 협동하는 기술을 가졌는지 판단할 수 있는 척도가 됩니다. 중요한 건 '나이에 맞게'입니다. 과할 필요는 없습니다. 또래 아이들이 하는 정도만 하면 됩니다. 자기와 맞지 않는 친구라도 어느 정도 견딜 수 있는지 점검해본 후에 문제를 해결해 보면 어떨까요?

잘못된 행동에는 즉각적으로 반응하지 마라

사람이라면 누구나 내면에 어느 정도 분노와 공격성을 갖고 있습니다. 보육기관에서 자기 장난감을 가져가려는 아이의 팔을 물어뜯는 데서 시작되는 공격성은 친구가 만든 블록을 무너뜨리고, 초등학생쯤 되면 별명을 부르고 놀리는 것으로 이어집니다.

초등학교 2학년을 맡고 있는 김선생님은 요즘 고민이 이만저만이 아닙니다. 한 남학생이 친구들을 울리고 괴롭혀서 갈등을 많이 일으키기 때문입니다. 교사가 보지 못하는 상황에서 약한 아이들을 툭툭 건드리고, 힘이 센 아이의 경우에는 급소를 걷어차기까지 합니다. 말로 놀리는 것은 예사입니다.

본인은 장난이라고 하지만, 이대로 둘 수는 없겠죠. 그래서 선생님은 이 아이에게 친구들과 친해지는 법, 놀이하는 연습, 상대의 기분 살피는 방법 등 교우관계를 증진할 수 있는 온갖 것을 알려주고 연습시켰습니다. 하지만 아이의 행동은 별로 변화하지 않았습니다.

결국 이 아이는 놀이에서 배제되는 경우가 많아졌습니다. 아이 부모는 상담 초기에는 집에서 지도하겠다고 하더니, 다른 보호자들의 민원이 계속되어 담임 교사로부터 연락이 잦아지자 "애들이 놀다 보면 그럴 수도 있지"라면서 기분 나쁜 기색을 보인다고 합니다.

김선생님은 요즘 자괴감 때문에도 힘들다고 호소합니다. 이런 학생과 학부모를 만났을 때 어떻게 처신하는 게 현명한 걸까요?

이런 고초를 겪는 선생님들이 요즘 정말 많아졌다고 합니다. 감정조절을 못하는 아이는 한 교실에서 같이 지내는 아이들에게도 큰 스트레스입니다. 덩치 큰 남자아이가 큰 소리를 지르고 물건을 던지면 무서워서 우는 아이들도 있습니다. 이런 날들이 반복되면 학교가 싫어질 수도 있습니다. 순한 부모들은 상대 아이나 부모와 갈등을 겪는 게 부담스러워 적극적으로 항의하지 않는 경우도 많습니다.

이런 일은 교사들은 물론 아이를 학교에 보내는 부모들도 알아야 하는 내용입니다. 분노와 공격성은 정상적인 감정이지만 표현하는 강도는 아이마다 다르고, 이를 억제하는 훈련은 유아기에 가정에서 먼저 이루어져야 합니다. 참고로 보통 공격성은 두 돌이 지나면서 눈에 띄게 증가합니다.

코로나 팬데믹으로 아이들의 집단생활이 중단된 것이 이런 문제가 심각해진 요인이기도 합니다. 친구들과 어울리고 규칙을 습득하는 시기에 공백이 생겼기 때문입니다. 그걸 배우지 못한 상태에서 학년은 올라가다 보니 이런 문제가 많이 생기는 것 같아요.

또한 아이의 감정을 우선시하는 양육 태도가 널리 퍼지다 보니, 자신의 기분을 그대로 표현해도 된다고 여기는 아이들이 많아졌습니다. 부모도 교사에게 "우리 애가 마음이 그렇다는데 좀 알아주시면 안 돼요?"라거나 "아이가 왜 그러는지 마음은 읽어주셨나요?"라고 말하는 경우가 많아졌다고 합니다.

아이들의 문제행동을 수정하는 원리

사실 부모의 생각을 바꾸는 건 쉽지 않습니다. 부모의 생각은 '이러다 큰일 나겠구나' 하는 선명한 적색 신호가 켜져야 조금 바뀝니다. 이 사례에서 아이의 부모는 아이가 화가 나면 마음을 알아줘야 한다고 생각하고 있습니다. 이런 부모와 이야기해서 해결되긴 힘들 것 같습니다. 어떻게든 교사가 학생과 지내는 동안 무언가를 해볼 수밖에 없습니다.

이런 상황에 처했을 때 아이 마음을 알아주면 좋아지지 않을까 생각해서 감정을 읽어주는 경우가 많습니다. 그렇지만 정답은 정반

대입니다.

교사가 학생과 조금 거리를 두기 시작하자 아이가 선생님 눈치를 보기 시작했습니다. 저는 이 부분이 본질이라고 생각합니다. 선생님이 친절하게 대할 때는 말을 안 듣다가 좀 냉정하게 대하니까 말을 듣는다는 것 말이죠. 얼핏 들으면 이해하기 어려울 수 있지만, '행동수정의 원리'라는 측면에서 보면 아주 당연한 일입니다.

모든 아이는 관심을 받고 싶어 합니다. 물론 어른들도 그렇죠. 이건 인간의 본능이에요. 그런데 아이들은 도덕이나 윤리가 내재화된 상태가 아니기 때문에, 상대가 나한테 관심을 주면 그 행동을 더 많이 하게 됩니다.

아이가 말썽을 부릴 때 선생님이 친절하게 아이를 달래주면, 아이는 '내가 이런 행동을 하니까 선생님이 관심을 주는구나' 하면서 그 행동을 더 자주 하게 됩니다. 아이의 본성이 선하고 악하고의 문제가 아니라, 행동에 작동되는 원리입니다. 보상을 받으면 그 행동이 증가하고, 보상을 받지 못하면 줄어듭니다.

그래서 선생님이 관심을 주지 않으면 아이는 원하는 것을 얻지 못한다는 걸 알게 되고, 이 부정적인 행동이 줄어들게 된다는 거죠. 이건 행동수정의 원리 중 '무관심의 원리'입니다. 이 경우에는 무관심이 훨씬 더 효과적이었다는 거죠. 자괴감을 느낄 필요가 없습니다. 아이가 왜 이런 행동을 더 많이 하고 이런 행동은 안 하는지에 대해 그 원리를 이해하면 됩니다. 부모들도 이 원리를 잘 알아두면 감정 소모를 많이 줄일 수 있습니다.

아이가 공격적인 행동을 보일 때 부모가 어떻게 대처하는지 생각해보세요. 아이에게 관심을 더 많이 주거나, 웃어넘기거나, 자기주장을 잘한다며 뿌듯해한다면, 아이의 공격적인 행동은 보상으로 인해 더 증가합니다. 공격적인 행동이 어른들의 관심을 끈다고 생각하게 되면 아무리 타일러도 사라지지 않습니다.

한 아이가 다른 아이를 괴롭히는 걸 보게 되었다면 괴롭힌 아이가 아니라 괴롭힘을 당한 아이에게 관심을 주세요. 괴롭힌 아이를 야단치느라 힘 빼지 마세요. 그 아이는 그냥 두세요. 아이가 눈치를 보고 행동을 조심한다면 무관심을 조금 더 지속해야 합니다. 그리고 아이의 행동이 어느 정도 개선됐을 때 정확하게 "네가 이런 행동을 하지 않아서 정말 좋구나"라고 얘기해주세요. 그리고 아이가 남들과 사이좋게 놀거나 다른 아이에게 도움을 주었을 때 일관되게 칭찬해주면 아이는 어떤 행동이 관심을 끌 수 있는지 알게 되고, 바람직한 행동을 더 많이 하게 됩니다.

만약 안 좋은 행동이 반복된다면 이번에는 무관심을 훨씬 더 길게 유지해야 합니다. 어떤 때 문제행동이 줄어들고 늘어나는지를 관찰하면서 그때그때 방법이 달라져야 합니다. 아이의 행동을 바꾸는 수단에는 보상, 처벌, 무관심이 있습니다. 이 세 가지를 융통성 있게 사용하는 게 가장 효과적입니다.

사랑은 감정입니다. 그러나 감정만으로 아이가 좋은 행동을 하지는 않습니다. 바람직한 행동을 하게 하려면 행동의 원리를 이해해야 합니다. 지금부터라도 어떤 경우에 아이가 좋은 행동을 하고 어떤 경우에 바람직하지 않은 행동을 하는지, 내 반응이 아이에게 어떤 영향을 미치는지 세심하게 관찰하면, 훨씬 효과적으로 훈육할 수 있을 거예요.

친구 관계가 걱정될 때는 묻는 말투를 바꿔라

초등학교 1학년인 민지의 이야기입니다. 학교에 입학해 별문제 없이 생활한다고 알고 있었는데, 11월에 담임 선생님과 상담을 한 뒤 부모가 큰 충격에 빠졌습니다. 아이가 다른 아이들에게 기분을 맞춰주고 무리에 끼기 위해 친구에게 끌려다닌다며, 자기주도성이 없는 아이인 것 같다는 지적을 받은 겁니다. 실제로 아이는 부모에게 같이 어울려 노는 친구에 대해 이야기하면서 세 번 정도 "걔는 매운맛이야. 무서워"라고 말한 적이 있었습니다.

유치원 때도 소위 '센' 여자아이와 친하게 지내면서 그 아이가 화장실에 같이 따라 들어가게 해주지 않으면 안 논다고 해서 같이 들어간 일이 있었다고 했습니다. 언어나 운동 기능은 제 나이에 맞게 발달했는데, 친구 관계에 대한 이야기를 꺼내면 눈에 띄게 불편해합니다.

아이가 그 친구와 노는 데는 이유가 있다

부모는 당연히 걱정이 됩니다. 이런 아이에게는 어떻게 접근해야 할까요? 전문가의 눈으로 보았을 때 이 사례에서는 다음과 같은 것들을 짚어볼 수 있습니다.

첫째, '센' 아이가 있는데, 아이는 계속 걔랑 놀고 싶다고 합니다. '센' 아이들은 보통 놀이를 많이 주도합니다. 놀이를 주도하니까 세고, 그만큼 매력도 있는 거예요. 아이들이 이런 아이들을 좋아하는 건 이들이 그동안 몰랐던 새로운 놀이를 만들어내기 때문입니다. 흔한 술래잡기나 공기놀이를 해도 재미를 더해줄 새로운 규칙을 만들어냅니다. 어른들이 보기에는 '센' 아이지만, 친구로서는 같이 놀면 재미있는 친구인 거죠.

그래서 위험 회피 성향이 강한 아이들은 이런 아이들 옆에 가지 않습니다. 그런데 민지는 함께 놀고 싶다는 걸 보면, 그 아이보다 기질이 강하지는 않지만 새로운 걸 피하려는 아이는 아닌 것으로 보입니다. 즉, 민지는 평균 수준의 자극 탐색 성향과 비슷한 정도의 위험 회피 성향을 가졌다는 거죠.

사실 '센' 아이라는 건 어른의 표현인 것 같습니다. 어린아이들에게는 그저 활달하고 재미있는 애일 수 있습니다. 사실은 그런 아이가 아이들 사이에서는 경쟁력이 있습니다. 최근의 연구를 보면, 그런 아이들이 더 주도적이고 적극적인 성격으로 자라난다고 합니다.

그 친구에 대해 편하게 말할 수 있게 하라

제 딸이 유치원에 다닐 때 이야기입니다. 새로 한 반이 된 아이가 있는데, 매일 그 아이 이야기를 하는 거예요. 듣다 보니 그 아이가 우리 아이 걸 빼앗는 것 같았습니다. 심지어 우리 아이는 그 아이에게 뭔가 뺏기는 게 익숙해진 느낌까지 들었습니다. 그래서 선생님께 이야기했지요. 그랬더니 선생님이 이렇게 말씀하셨습니다.

"근데 어머니, 두 아이가 비슷해요. 그래서 둘이 많이 어울리는 거예요. 다른 애들에 비하면 둘 다 활발한 편이에요."

우리 아이도 활동적이어서 그 아이와 같이 놀면 재미있지만 부딪힐 때는 서로 양보하지 않았던 거죠. 서로 양보하지 않으니까 싸우기도 했고요. 그런데 우리 아이는 뺏긴 것만 기억한 겁니다.

많은 부모가 기질이 강한 아이 때문에 우리 아이가 힘든 일을 겪고 있다고 생각할 수 있지만, 그 반대일 가능성도 있습니다. 엄마가 걱정하는 것만큼 그 아이에게 당하기만 하는 건 아닐 수도 있어요.

엄마가 친구에 대해 물어보았을 때 자꾸 딴소리를 하면 실제로 문제가 있을 수도 있어요. 그런데 이때 중요한 건 친구에 관해 묻는 엄마의 뉘앙스입니다. 엄마가 "너 걔가 무섭다면서 왜 같이 놀아?"라고 묻는다면, 아이는 엄마가 그 아이와 노는 걸 못마땅해한다는 걸 눈치챕니다. 엄마는 이미 마음을 정했잖아요. 그 아이랑 놀지 말라고 하고 싶은 거예요.

그래서 아이는 그 아이와 놀지 말라는 말이 나올까 무서워서 회피하는 걸 수도 있습니다. 이럴 때는 아무렇지 않은 말투로 말하는 게 사실을 아는 데 도움이 돼요. "그 매운맛 친구는 어때? 얼마나 매운맛을 내?"라는 식으로, 좀 더 편하게 물어보는 거죠.

일단 선생님이 이야기할 정도라면 엄마가 신경을 쓰기는 해야 합니다. 아직 그 친구와 어울린 지 얼마 안 됐거나 곧 학년이 바뀐다면, 성급하게 개입하지 말고 지켜보는 것도 좋습니다. 아이들은 어떤 문제가 있으면 문제행동을 패턴처럼 보이게 됩니다. 그렇지만 한시적으로 나타났다가 없어지는 행동이라면 큰 문제는 아닐 수 있습니다. 친구와 놀다가 갈등이 생겼을 때 가장 바람직한 것은 객관적으로 상황을 파악하는 것입니다. 그렇지만 저학년 때는 누구 잘못인지 정확히 알지 못하는 게 보통입니다.

부모가 항상 상대방을 탓하거나 반대로 늘 아이 잘못이라고 한다면, 아이의 시각이 편향될 수 있어요. 그렇다면 부모님부터 아이를 대하는 태도를 바꿔주어야 합니다. 항상 상대방 탓을 하거나, 네가 뭔가 잘못했으니까 그러지 않겠냐는 식으로 반응하면 아이는 부모의 관점을 그대로 받아들여 문제를 객관적으로 보는 능력을 키우지 못할 수 있어요.

엄마의 반응에 따라 아이의 말습관이 굳어진다

초등학교 3학년인 시연이는 순한 기질의 아이였습니다. 엄마는 '다른 아이들과 잘 어울리지만 소심하고 눈물이 많다'라고 표현했습니다.

그런데 아이는 '미안해'라는 말을 달고 삽니다. 뭔가 잘못을 지적하거나 상황이 잘못되었다고 느낄 때는 물론, 어떤 말이든 끝에 '미안해'가 붙는다는 겁니다. 표정과 말투는 미안해 보이지 않을 때도 말이죠. '괜찮지?'라고 묻는 것과 '할게'라는 말도 습관입니다. 친구들과 의견이 갈릴 때도 먼저 미안하다고 하고요.

시연이의 '미안해', '괜찮지?', '할게'라는 말은 습관입니다. 표정이나 말투가 말과 맞지 않는 걸 보면 알 수 있어요. 이럴 때는 엄마가 아이와 평소에 어떤 식으로 대화했는지 곰곰이 돌이켜볼 필요가 있습니다.

엄마가 뭘 하라고 말하고, 아이가 '할게'라고 대답하는 식으로 대부분의 대화가 이루어졌다면 아이는 '할게'가 습관이 됩니다. 부모가 무언가를 지시하거나 설명한 뒤 '내가 지금 뭐라고 했지?'라고 되물을 때가 있죠. 그럴 때 뭐라고 해야 할지 몰라 '할게'라고 대답하면 마무리가 됐을 겁니다. 이게 반복되면 아이는 습관적으로 그 말을 하게 됩니다.

'미안해'라는 말도 마찬가지입니다. '엄마, 미안해'라고 했을 때 엄마 감정이 풀어지는 경험을 많이 한 아이들은 이 말의 뜻을 잘 몰라도 습관적으로 사용하게 됩니다. '괜찮아?'도 그렇습니다. 엄마가 기분이 나쁜 것 같을 때 '괜찮아?'라고 물으면 엄마가 '응, 엄마 괜찮아'라고 대답했겠죠. 아이는 이 말이 엄마가 기분이 좋아지는 말이라는 걸 경험하면서 이 말을 사용하게 됐을 겁니다.

시연이 엄마는 워킹맘입니다. 그래서 짧은 시간 안에 아이에게 여러 가지를 시켜야 할 일이 많았어요. 그러니까 다급한 상황이 되고 분위기가 좀 경직되면 아이는 습관적으로 이 세 대답을 반복했을 수 있습니다. 이렇게 생각해보면 아이 행동을 이해하는 건 어렵지 않습니다.

아이 말에 담긴 심리를 찾아보라

그런데 문제는 시연이가 초등학교 3학년이라는 점입니다. 대여섯 살까지라면 몰라도, 3학년인데 이런 말을 하는 건 바람직하지는 않습니다. 많은 심리 전문가들은 어떤 행동이나 말이 삶의 어떤 기간에는 효과가 있었지만 더 이상 효과가 없는데도 반복한다면 그것은 심리적 문제의 원인이 될 수 있다고 지적합니다.

어느 시기에는 효과적이었으나 더 이상 효과적이지 않은 '미안해'라는 말을 계속한다면, 아이가 어떤 환경에서 성장했는지 살펴볼 필요가 있습니다. 예를 들어 부모가 '네가 친구에게 양보해야지'라는 말을 많이 했을 수 있죠.

그런데 양보는 어른들 기준에서는 좋은 것이지만, 아이들은 아직 그런 감정을 이해하기 어렵습니다. 아이들에게 양보란 '내 걸 다른 사람에게 주는 것'일 뿐입니다. 주고 싶을 때도 있지만 주고 싶지 않을 때가 훨씬 더 많습니다. 주고 싶지 않는데 주는 건 아이 입장에서는 '뺏기는' 것입니다. 그러니까 '양보'라는 단어는 기본적으로 아이에게 괴로움과 화, 불안 같은 감정을 자극하는 단어입니다.

그런데 많은 부모가 아이가 양보를 안 하면 이기적인 것일까 봐, 사회성이 부족한 것일까 봐 걱정합니다. 이건 나이에 맞지 않는 걱정입니다.

이런 경우를 생각해볼까요? 아이가 학습지를 하기 싫어해요. 그러니까 엄마가 "하기 싫으면 하지 마"라고 말합니다. 그런데 엄마 표정에는 '네가 진짜 안 하면 엄마가 아주 실망할 거야'라는 마음이 드러납니다. 그럼 아이는 싫다고 못 하고 '알았어, 할게'라고 대답합니다. 엄마가 하는 말에 어떤 감정을 담고 있는지를 엄마 스스로 의식할 필요가 있습니다.

바꾸고 싶은 아이의 말습관에는 적당한 거리를 두라

또 한 가지 짚어볼 게 있습니다. 시연이 엄마는 시연이에 대해 '다른 아이들과 잘 어울리지만 소심하고 눈물이 많다'고 파악하고 있어요. 이 말은 논리적이지 않습니다. 처음 본 아이들과도 잘 어울리는 것과 소심한 건 서로 모순되죠.

어떤 부모가 아이에 대해 이런 식으로 평가한다면, 그 부모는 아이가 어떤 감정을 주로 느끼는지, 어떤 상황에 어떻게 느끼는지를 충분히 이해하지 못하고 있다고 할 수 있습니다. 아이가 어떤 상황이나 대상에 대해 어떻게 느끼는지를 지속적으로 관찰해야 내 아이가 어떤 아이인지 이해할 수 있습니다.

만약 아이가 시연이처럼 '미안해', '괜찮아?', '할게'라는 말을 습관적으로 한다면 어떻게 해야 할까요? 그런 말을 할 때 반응을 안 하는 게 가장 좋습니다. 이 아이가 계속 그 말을 쓰는 건 그 말이 효과가 있는 것 같은 느낌이 들기 때문이거든요. 어떤 행동에 대해 뭔가 반응을 보이면 그 행동을 줄이기 어렵습니다.

스위치를 눌러도 전구에 불이 안 들어온다면 우리는 그 스위치를 더 이상 누르지 않겠죠. 누르면 불이 들어오니까 누르는 거죠. 다시 강조하지만, 스위치에 반응하지 않는 것이 가장 효과적입니다.

고학년 아이의 친구 고민, 무리 짓기

아이가 학년을 올라갈 때마다 고민하는 부모들이 있습니다. "우리 애는 친구를 잘 못 사귀는데, 새 학년 올라가서 또 힘들어하면 어떡하죠?"라고요.

실제로 초등학교 고학년 이후부터는 아이들이 사춘기에 접어들기 때문에 또래 그룹이 아주 중요해집니다. 그래서 '친구들이 나만 빼고 놀았다'는 일은 아이들 삶에 첨예한 이슈로 대두됩니다.

이처럼 구체적인 이슈가 생겼을 때 엄마가 '다른 애들하고 놀아'라거나 '공부해야지 그런 생각할 시간이 어딨어'라고 한다면 아이에게는 전혀 도움이 되지 않습니다. 아이들의 친구 관계를 이해하고, 우리 아이가 친구들 사이에서 어느 위치에 있는지 알아야 합니다.

그래야 아이가 필요할 때 도움을 줄 수 있습니다.

아이들의 무리는 네 그룹으로 나뉜다

5학년쯤부터 아이들은 청소년기의 특징인 '무리 짓기'를 합니다. 한 학급에 30명이 있다고 하면 보통은 네다섯 명씩 무리를 짓는 경우가 많습니다. 그러면 서너 개 정도의 그룹이 만들어지죠. 학기 초가 되면 전에 같은 반이었다든지 원래 친했다든지 뭘 같이 한다든지 하는 이유로 쉽게 관계를 맺는 아이들은 이 그룹을 두세 주 안에 만듭니다. 그래서 같이 움직이고, 수업이 끝나면 같이 놀러 가기도 하죠.

아이들 그룹은 보통 네 종류로 나뉩니다.

첫째, 최상위 그룹입니다. 인기와 평판이 좋아서 다른 아이들이 선망하는 아이들입니다. 요즘 말로 '핵인싸' 그룹이죠. 공부도 잘하고 외모도 훌륭하고 성격도 좋고 놀기도 잘하는 아이들입니다. 이 아이들은 남을 괴롭히거나 험담을 하지 않습니다. 필요할 때는 적당히 싫은 소리도 할 수 있는, 만만하지도 않은 아이들입니다.

둘째, 센 척하는 그룹입니다. 이 그룹은 초반에는 언뜻 인싸처럼 보입니다. 그래서 첫 번째 그룹에 끼고 싶어 하는데, 끼지는 못합니다. 말을 좀 '세게' 해보기도 하고 옷도 좀 튀게 입어보지만, 최상위

무리에는 끼지 못하는 아이들입니다. 그래서 '관종'처럼 보이기도 해요. 이 그룹에서 문제가 가장 많이 벌어집니다. 험담이나 편 가르기를 하면서 끊임없이 갈등을 일으키는 그룹이고, 학교 내 괴롭힘의 대부분이 이 집단에서 일어납니다.

셋째, 평범한 그룹입니다. 말 그대로 평범한 아이들입니다. 인기에 연연하지 않고 그냥 큰 기복이 없이 학교생활을 해나가는 아이들이에요. 무난하게 학교생활을 한다는 면에서는 최상위 그룹과 같지만 사실 그렇게 매력적이지는 않아요. 정체성이 뚜렷하지도 않아서 다른 아이들이 이 그룹에 끼고 싶어 하지는 않습니다.

넷째, 나머지 그룹입니다. 좋은 평판보다는 안 좋은 평판이 많은 그룹이고, 사회성에 문제가 있는 아이들이 많이 포함되어 있습니다. 아무래도 이 시기의 아이는 겉으로 드러나는 말이나 행동을 보고 판단하는 경우가 많습니다. 이 아이들이 보이는 행동이 다른 아이들한테 꼬투리가 잡히거나 가까이 하기 꺼리는 이유가 되는 거죠.

초등학교 5학년쯤 되면 아이들은 인기 있는 학생이 되는 데 목숨을 걸다시피 합니다. '애들도 다 입었는데 나도 이런 옷 입고 싶어', '애들이랑 어디 같이 가고 싶어' 등의 얘기를 하는 거죠. 부모들이 보기에는 왜 그렇게까지 하는지 이해가 안 되는 고집을 부려가면서 말입니다. 옷을 튀게 입는 건 보통이고 화장, 파마, 염색도 하려고 합니다. 특히 요즘 아이들은 인기 아이돌이 하는 걸 따라 하고 싶어 하기도 합니다.

학기 초에 그룹이 만들어지는 시기 아이들은 불안하고 예민해집니다. 부모가 보기에는 다 쓸데없는 짓 같고 공부나 열심히 했으면 하지만, 이 시기 아이들에게 또래에서 인기 있는 사람이라는 건 어마어마하게 중요한 가치입니다. 심지어 영유아기에 부모와 애착을 잘 형성했는지 다음으로 중요한 정체성이라고 해도 과언이 아닙니다.

앞서 말했듯, 두 번째 그룹—센 척하는 그룹—은 시끄럽습니다. 싸우고 험담하는 경우가 많기 때문에 아이가 이 그룹에 있다면 아이의 행동에 신경 쓸 필요가 있습니다. 또한 나머지 그룹은 안 좋은 평판을 많이 듣는 아이들이기 때문에 보호해줄 필요도 있습니다. 특히 이 그룹 멤버들은 계속 바뀝니다. 처음에는 인기가 많아 보여도 나중에는 달라질 수 있다는 뜻입니다. 이 점을 아이에게 이야기해주면서 안심시켜주는 것도 필요합니다.

고학년이 되면 또래 관계에 간섭할 수 없다

아이가 고학년 이상이 되면 엄마가 친구 관계에 직접 끼어들 수는 없습니다. 맨날 누구와 놀았는지, 뭘 했는지 물어볼 수는 없어요.

다만 엄마한테 꼭 얘기해야 하는 경우가 있습니다. 문제가 생겼을 때 타이밍을 놓치면 도와주고 싶어도 소용이 없어지기 때문입니다. 아이가 하는 말을 잘 들어보면 주변에 어떤 아이들이 있는지 어느 정도 파악할 수 있습니다.

특히 다른 아이를 조종하는 아이가 있는 것 같다면 주의를 기울여야 합니다. 이런 아이들은 유치원 때부터 있긴 합니다. 특히 여자아이들 중에 많은데, 예를 들어 누군가에게 "너 쟤랑 놀지 마"라고 한다거나 "너 이거 안 하면 내가 이렇게 할 거야"라면서 친구들을 조종하려고 드는 아이들입니다. 그러면 여기에 휘둘리는 아이들이 있습니다. 청소년기에는 또래 관계가 워낙 중요하기 때문에 도덕적·윤리적 기준을 뛰어넘는 행동을 하는 경우가 종종 발견되기도 합니다. 이럴 때 주도하는 아이의 '타깃'이 된 아이는 피해를 받게 됩니다.

그렇다고 섣불리 그런 아이와 놀지 말라고 말하면 안 됩니다. 상대 아이를 멀리하려는 것 자체가 그 아이의 타깃이 되는 이유가 될 수 있거든요. 아이가 그런 아이에 대해 이야기하면서 기분이 나빴다고 한다면, 굳이 부딪히지 말되 괴롭힘이나 따돌림을 당하게 되면 꼭 이야기하라고 해주세요.

그런 아이가 괴롭히는 걸 오랫동안 내버려두면 하지도 않은 잘못을 뒤집어쓴다거나 다른 아이에게 미움을 받을 수도 있습니다. 둘만의 문제로 끝내기 힘들어지는 경우도 생깁니다. 그래서 초반 대응이 중요합니다. 그런 일이 있는 것 같다면 반드시 아이에게 정황과 사실관계를 확인하고, 담임 선생님과 얘기해서 도와달라고 요청

해야 합니다. 이건 예방이 중요한 사안입니다.

아이의 또래 관계에 대해 부모가 알아야 할 사실들

첫째, 학년이 올라갈수록 아이들은 서로 마음을 알아주고 취향이 비슷한 아이와 어울리게 됩니다. 포용력 있고 자기 것을 잘 나눠주는 아이는 평판이 좋고, 자기중심적인 아이는 친구를 사귀기 어렵습니다.

둘째, 아이들은 눈치 없는 행동을 싫어합니다. 예를 들어 면전에서 싫은 소리를 하는 아이들이 있습니다. 친구가 좋아하는 아이돌을 별로라고 말하거나 외모를 비하하는 말을 아무 때나 하는 것, 억울하다고 할 때 편들어주지 않는 것은 우정을 쌓는 데 큰 걸림돌이 될 수 있습니다.

셋째, 보답도 중요합니다. 이를테면 어떤 아이가 생일 선물을 주었다면 보답하는 게 좋습니다. 물론 보답을 받으려고 선물을 주는 것은 아니지만 좋은 마음을 전했는데 아무 반응이 없으면 서운해지는 게 사람 마음이죠.

넷째, 친구 사이를 깨는 결정적인 요인은 뒤에서 상대의 험담을 하는 겁니다. 이런 일은 특히 여자아이들 간에 흔하게 나타납니다.

누군가 나와 친한 아이의 흉을 보는데 거기에 '응, 응' 정도의 반응만 했다고 하더라도 상대에게 전달되면 재앙이 시작됩니다. 아이들이 무리를 지어 다니며 다른 무리와 어울리지 않는 데는 이런 이유도 있어요. 다른 무리의 아이와 어울리다 보면 누군가 흉을 보게 되는 경우가 있는데, 이때는 가만히 있어도 문제가 되고 동조한다면 문제의 씨앗이 될 수 있습니다.

제가 상담한 아이 중 한 아이는 친한 친구가 자기 비밀을 말하면서 다른 애들에게는 말하지 말라고 했는데 다른 아이에게 그 비밀을 실수로 이야기했다가 한 학기 내내 힘든 학교생활을 보내고 심지어 우울증까지 생겼습니다.

엄마에게 무심코 한 말이 다른 사람에게 전달되면서 관계가 깨진 아이들도 있습니다. 학교에서 있었던 일을 미주알고주알 다 하는 아이가 있는데, 이 아이가 다른 아이의 문제를 엄마에게 말하고, 엄마는 상대 아이 엄마에게 이 이야기를 전달한 거예요. 이 일이 알려지면 그날로 아이의 친구 관계는 다 깨진다고 봐야 합니다.

한편 남자아이들은 여러 명이 어울려 승부를 겨루는 게임을 통해 어울리는 경우가 많습니다. 엄마가 그렇게 싫어하는데도 밤늦게까지 게임을 하는 건 게임이 재미있기 때문일 수도 있지만 또래에게 인정받고자 하는 것도 중요한 이유입니다.

아이 주변의 친구들을 반드시 파악해두어야 하는 경우

아이가 다른 아이들에 비해 사회성이 부족하거나 주의력결핍과 잉행동장애가 있는 경우는 어떻게 해야 할까요? 엄마가 아이의 교우 관계를 좋게 만들어주기는 어렵지만, 학교에서 부당한 일이나 괴롭힘, 따돌림을 당하지 않게 도와주는 건 필요합니다. 보통의 아이라면 다툼이나 갈등이 생겨도 아이가 헤치고 나아갈 수 있지만, 사회성이 취약한 아이라면 부모가 계속 아이의 교우 관계를 확인하면서 필요할 때는 적극적으로 도와주어야 합니다.

그러기 위해서는 아이를 둘러싼 친구들의 특징을 파악하고 있어야 합니다. 아이와 이야기하다 보면 아이가 긴밀하게 상호작용하는 친구들은 금방 알 수 있습니다. 학급에서 목소리가 큰 아이도 알아둬야 합니다. 주도적으로 뭔가를 이끌고, 아이들이 따르는 아이가 꼭 있거든요. 이런 아이는 또래 관계에서 큰 영향력을 갖습니다.

아이가 편하게 어울리는 친구도 알아두세요. 보통 짝꿍이거나 앞뒤로 앉는 아이들일 가능성이 큽니다. 반대로 불편하게 생각하는 친구 또한 알고 있어야 합니다. 이때 주의할 것은 아이가 친구들 이야기를 할 때 '걔랑 놀아'라든가 '걔랑은 놀지 마'라고 하면 안 된다는 겁니다. 아이는 생각이 다를 수도 있거든요. 그러니 이래라저래라 하지 말고 일단 기억만 해두세요. 대신 안전한 짝꿍을 한 명 확보해두는 건 필요합니다. 학교 다니는 내내 관계가 흔들리지 않는 안진한 짝꿍이 한두 명만 있어도 힘들지 않게 학교생활을 할 수 있습니다.

학년이 올라가면 아이들이 좋아하는 친구, 불편해하는 친구, 영향력 있는 친구, 아이의 짝꿍과 앞뒤로 앉은 친구들을 대략 확인해보세요. 아이가 편하게 말할 수 있는 친구가 한두 명은 있는지 살펴보고, 남을 조종하는 아이들이 가까이 있는 것 같으면 힘든 일이 생기면 언제든 엄마에게 말하라고 일러두세요. 이 정도만 알아두어도 큰 도움이 될 겁니다. 그리고 뚜렷한 문제가 없다면 개입하지 마세요.

초등 단톡방 문제 현명하게 대처하기

5학년 딸아이에게 석 달 전 스마트폰을 사줬다는 엄마의 이야기입니다. 그런데 이 엄마는 예상치 못한 문제에 부딪히게 되었습니다. 아이의 카톡 문제였습니다.

반에서 잘나가는 아이들이 단체 카톡방을 만들었는데, 아이는 어느 집단에서도 초대받지 못했다는 거예요. 학기 초에는 초대받기도 했는데, 별 신경 안 쓰고 댓글도 안 달다 보니 자연스럽게 카톡방을 나오게 되었고, 이후 아이는 친구들에게 별 관심이 없는 아이로 알려져 어느 무리에도 속하지 못하게 되었습니다.

엄마는 아이에게 먼저 다가가보라고 했지만, 먼저 나서서 초대해 달라고 하는 건 자존심도 상하고 그런 식으로는 우정이 만들어지지도 않습니다. 카톡이 유행일 때는 카톡으로 소통해야 하고, 인스타나 틱톡을 주로 하면 거기에 접속해야 또래 관계가 유지됩니다.

학창 시절에 온라인 문화를 접해보지 않은 부모는 인터넷 세상이 위험해 보이기도 하고 아이가 뭘 하는지 모른다는 것이 불안하기만 합니다. 아무리 세상이 바뀌었다고 해도 친구는 서로 얼굴을 보고 만나야 하는 거 아니냐고 생각하기도 하지만, 아이들의 문화는 점차 부모가 이해할 수 있는 영역에서 벗어나는 것 같습니다.

아이들 사이에서 핸드폰은 공기와 같다는 말이 있습니다. 핸드폰이 없으면 숨을 못 쉬는 것만큼이나 힘들다는 거죠. 그래서 요즘은 핸드폰을 무조건 주는 것만큼이나 핸드폰을 뺏는 것도 문제를 일으킬 수 있습니다.

예전에는 핸드폰을 하는 시간, 접속하는 사이트가 주로 문제였다고 하면, 요즘은 온라인에서 예의를 지키는 게 중요한 주제가 되었습니다. 특히 아는 아이들끼리 SNS를 주고받을 때 한마디만 잘못해도 문제가 될 수 있습니다. 작은 데서 시작된 일이 학교폭력까지 가기도 합니다. 기억에만 의존하는 말에 비하면, SNS 페이지 캡처는 아무도 부정할 수 없는 결정적인 증거가 되기 때문에 고학년이 될수록 말을 조심하도록 주의시킬 필요가 있습니다.

통제와 자유의 중간 어딘가

세상이 급격하게 바뀌다 보니, 엄마들이 경험하지 못한 것들을 아이들이 경험하는 경우가 많이 생깁니다. 부모라면 아이를 키울 때 제일 우선으로 생각하는 게 안전이지요. 제일 긴장되고 불안할 때는 안전이 위협받을 때라는 거죠. 그런데 새롭다는 건 아직 안전이 검증되지 않았다는 뜻이기도 합니다. 부모가 경험해보지 못한 일은 더욱 그렇습니다. 그래서 새로운 상황 자체가 엄마를 긴장시키고 예민해지게 하는 건 당연합니다.

제가 어렸을 때는 텔레비전을 많이 보면 바보가 된다고 했습니다. 컴퓨터가 나왔을 때도 그랬습니다. 그렇게 따지면 세상의 3분의 1은 바보가 됐어야 합니다. 물론 그런 일은 벌어지지 않았죠. 그냥 물건만 바뀌는 겁니다. 많은 것들이 처음 나타날 때는 불안한 나머지 흉흉한 소문이 많이 떠돌게 됩니다.

앞으로도 새로운 물건은 계속 생길 겁니다. 그때 그걸 사줄지는 어떻게 판단해야 할까요? 저는 일단 대중성과 비용을 생각합니다. 비싼데 조금만 갖고 놀 것 같은 것은 사주지 않습니다. 대중성은 또래 아이 중에 다수가 갖고 있냐는 건데, 초등학교 들어가기 전에는 대중성 같은 건 없습니다. 애들이 협력해서 놀 나이가 아니기 때문입니다. 다른 아이가 갖고 있어서 갖고 싶은 거지, 그게 있어야 다른 아이와 놀 수 있는 건 아니거든요.

저의 경우 그 반의 애들이 50퍼센트 이상 가지고 있다고 하면 사준다는 기준을 가지고 있습니다. 이 기준은 엄마마다 다를 수 있습니다. 중요한 건 애들이 주로 뭘 하고 노는지를 알아야 한다는 겁니다. 핸드폰을 사줬다면, 처음에는 애플리케이션을 깔 때마다 엄마에게 허락받도록 하는 게 좋습니다. 아이가 뭘 주로 하는지 확인하고, 뭘 하면 안 되는지, 하루에 얼마나 해야 할지를 정해주는 것도 필요합니다.

서서히 통제력을 아이에게 넘겨주라

그런 다음에는 어떻게 관리해야 할까요? 어디까지 풀어주고, 어디까지 통제해야 할까요? 아무것도 터치하지 않고 아이 마음대로 하라고 하자니 불안합니다. 하나하나 통제하는 건 불가능하기도 하고 부작용이 많습니다.

답은 항상 그 중간 어딘가에 있습니다. 모든 새로운 것은 엄마가 관리하면서 시작하게 하고, 점점 통제권을 아이에게 넘겨준다고 생각하면 됩니다. 단톡방도 마찬가지입니다. 5학년이면 카톡은 거의 다 사용할 겁니다. 단톡방은 잘 살펴야 하는 것 중 하나인데, 이때 강압적으로 보지는 마시고 아이에게 물어보면서 정보를 얻어야 합니다. 엄마가 감시나 검사를 하려는 게 아니라 관심으로 질문하는 느낌을 주도록 하는 게 중요해요. 엄마가 감시한다고 생각하면 아이는 자신이 나쁜 짓을 하는 것처럼 느껴집니다. 당연히 경계할 수밖에 없고, 엄마한테 자꾸 숨기게 됩니다.

예를 들어 "톡방에 좀 이상한 거 올리는 애도 있다면서?"라고 떠볼 수도 있습니다. "혹시 이렇게 톡을 보내는 애가 있으면 엄마한테 알려줘. 엄마가 방법을 알려줄게"라고 아이를 도와주는 사람으로 자리매김하는 것도 좋습니다.

아이들이 살아가는 새로운 환경에 대해 엄마도 아이와 같은 눈높이에서 바라봐줘야 하지 않을까요? 일일이 감시하고 통제하는 것보다는 아이가 필요할 때 언제든 조언이나 도움을 줄 수 있도록 준비하는 게 훨씬 현명한 태도일 겁니다.

부모 모임과 아이들 관계는 분리하라

애들끼리는 친한데 엄마끼리 사이가 안 좋은 경우도 있고, 반대로 엄마끼리는 친한데 애들끼리는 사이가 안 좋은 경우가 있습니다. 사실 이게 보편적인 인간 세상의 모습이긴 합니다. 남편은 좋은데 시어머니는 안 좋을 수도 있고, 시동생과는 잘 맞는데 동서와는 잘 안 맞을 수도 있죠. 사람이 세 명 이상 모이면 항상 관계는 역동적이고 복잡해집니다.

제가 아는 한 엄마는 회사 동료들과 가족 동반으로 자주 어울렸습니다. 아이들이 나이도 같아서 같이 여행도 많이 다녔죠. 그런데 아이들이 초등학교 5학년이 되자 관계에 균열이 가기 시작한 겁니다. 문제는 이 집 아이가 갈등의 중심에 있다는 겁니다.

이 아이는 성격도 좀 급하고 말을 불쑥불쑥하는 경향이 있습니다. 그러다 보니 다른 아이들이 경계하고 껄끄러워했고, 이 아이도 그걸 느끼고 모임에 안 가려고 했습니다. 만날 때마다 아이들이 앙숙처럼 싸우다 보니 어른들도 마음이 불편해져서 예전처럼 자주 만날 수 없게 되었습니다. 이미 절친이 되어버린 부모들은 이제 아이들을 빼고 만날 수밖에 없었지요.

그러나 이 정도면 상당히 원만하게 문제가 풀린 겁니다. 주변에서 보면, 아이들 싸움이 어른 싸움이 되는 경우가 훨씬 더 많습니다. 내가 기분 나쁜 건 참아도 아이가 상처받는 건 도저히 못 참는 게 부모 마음이잖아요. 그런데 앞뒤 안 가리고 아이들 싸움에 휘말리다 보면 어처구니없는 일이 생길 수도 있습니다. 그 부모가 내가 잘 아는 사람의 아는 사람이라거나 같은 업종에서 일하는 사람이라는 걸 알게 된다거나 해서 땅을 치고 후회하는 경우도 많이 봤습니다. 이미 벌어진 일을 되돌릴 수는 없고요.

어떤 분은 놀이터에서 아이들끼리 투덕거리는데, 상대 아이 엄마가 끼어들어 학교폭력이라고 선생님한테 달려간 일도 있다고 합니다. 학교에서 일어난 일도 아닌데 흥분해서 화를 내니 이분도 같이 따지고 큰 소리를 냈죠. 그런데 알고 보니 상대 아이 아빠와 남편이 같은 직장에 다니고 있었어요. 그러니 아이들 싸움에 쉽게 휘말려서는 안 됩니다. 어떤 아이와 놀아야 한다고 강요해서도 안 되고요.

어릴 때는 누구하고 노는 것보다 뭘 하는지가 중요합니다. 어린아이들은 "물놀이했어"라고 하지 누구와 놀았다는 이야기는 안 해요. 물에 풀어놓든지 산에 풀어놓든지 갯벌에 풀어놓든지 잘 놀아요.

어른들의 관계와 아이들의 관계를 분리하라

어른들은 내가 누구와 어울릴지, 얼마나 시간을 보낼지 스스로 결정할 수 있습니다. 그런데 아이에게는 이런 자유가 훨씬 제한되어 있습니다. 엄마가 가자는데 안 간다고 할 수 없으니까요. 아이들끼리 갈등이 생긴 경우에도 아이에게는 결정권이 없습니다. 그래서 이런 경우에는 아이를 편하게 해주는 게 우선입니다.

"그럼, 아이를 안 데리고 가야 하나요?"

이렇게 묻는 부모들이 많은데요, 어른들도 비슷한 경험이 있습니다. 남편과는 친한데 나는 좀 싫거나 안 맞을 수 있잖아요. 그럼 모임에 가기 싫습니다. 남편이 가자고 강요해도 싫고, 남편 혼자 갔다 온다고 해도 기분이 좋지는 않습니다. 내가 저 사람이 싫은 마음을 좀 알아주었으면 좋겠는데 남편이 이해를 못 하면 싸움이 됩니다. 아이도 그럴 수 있습니다.

"난 걔랑 놀기 싫어."

"아니, 왜? 걔 착하잖아."

엄마가 이렇게 나오면 속상하겠죠.

어떤 아이들은 엄마한테 "거기 가면 걔가 날 괴롭혀"라고 할 수도 있습니다. 이런 경우 모임에서 아이가 문제를 일으키면 부모는 야단치게 되죠. 그러면 아이는 억울하고요. 이처럼 복잡한 문제들이 발생합니다.

아이가 어리고 돌봐줄 사람이 없어서 불가피하게 데려가야 할 때도 있고, 어른들끼리 노는 데 정신이 팔려서 아이들을 돌보지 않을 때 문제가 발생할 수도 있습니다. 아이들끼리 싸울 수도 있고, 그 집 아이가 홈그라운드의 이점을 이용해 다른 아이들을 괴롭힐 수도 있습니다. 그래서 어른들은 아이들을 지켜볼 수 있는 곳에 있어야 하고 중간중간 확인해야 합니다. 아이들이 함께 노는 시간이 길어지는 것도 문제의 원인이 될 수 있습니다. 아이들이 피곤해지면 점점 짜증을 내게 되니까요.

그래서 어른들끼리의 관계와 애들끼리의 관계는 분리하는 게 좋습니다. 아이들 사이가 나쁘다면 어른들끼리만 만나는 게 가장 좋습니다. 아이들 사이가 좋더라도, 또래 아이를 키우는 부모들끼리는 경쟁심도 느낄 수 있고 자신도 모르게 아이들끼리 비교할 수도 있습니다.

사실 아이들 때문에 만난 관계는 조심스러운 부분이 많습니다. 아이들을 매개로 만나면 아이들 얘기가 반 이상이 될 수밖에 없고요. 이런 관계에서는 불편한 일이 생기지 않도록 그 가족과 적당한 거리를 유지하는 게 좋습니다.

그리고 아이들이 꼭 상호작용하지 않아도 되는 장소를 골라 만나는 것도 방법입니다. 아주 어린 아이들이라면 키즈카페에 간다거나, 초등학생이라면 자전거를 타거나 모래놀이를 할 수 있는 야외에서 만나는 겁니다. 공간이 넓으면 자연스럽게 같이 놀거나 따로 놀거나 하는 걸 선택할 수 있기 때문입니다. 아이들에게 선택할 수 있게 해주어야 갈등의 소지가 줄어듭니다. 그리고 아이를 30분에 한 번 정도는 체크해서 아이가 불편해하는 것 같으면 과감하게 그냥 데리고 나올 필요가 있습니다.

다른 아이가 괴롭힌다고 학교폭력으로 신고해야 할까

친구 관계만큼이나 부모가 촉각을 곤두세우는 것은 학교폭력입니다. 특히 소심하거나 체격이 작은 아이, 자기주장을 잘 못하는 아이를 둔 부모들은 또래에게 괴롭힘을 당하지 않을까 하는 걱정을 매일 합니다.

아이가 초등학교에 입학한 지 한 달도 안 되어 다른 아이 부모로부터 학교폭력 문제로 크게 곤욕을 치른 엄마가 있어요. 방과 후 수업이 끝날 무렵 아이를 데리러 갔는데, 아이들끼리 툭툭 치면서 장난을 치고 놀고 있었대요. 그런데 갑자기 어떤 아빠가 아이를 잡고 왜 우리 애를 때리냐며 소리를 지르고 화를 내고 아이는 울음을 터뜨렸답니다. 엄마가 달려가 이유를 물으니, 자신의 아이가 싫다는 표현을 했는데도 계속 괴롭혔다며 학교폭력으로 신고하겠다며 으름장을 놓았다는 겁니다. 두 아이가 몸을 건드리며 노는 걸 같이 보았고, 누가 누구를 괴롭힌 게 아닌 것 같은데 이런 일을 당하니 황당했지만, 상대 아빠가 워낙 강경해서 잘못했다고 사과를 할 수밖에 없었습니다.

저는 그 이야기를 듣고 상대 아이 체격이 어떤지 물어봤어요. 가해자로 오해받은 아이는 또래보다 키가 큰 편이었거든요. 보통 체격이 큰 아이들이 체격이 작은 아이들과 몸으로 놀다 보면, 경계 대상이 되기도 합니다. 반대로 체격이 작은 아이의 부모는 아이가 학교에 가면 누군가에게 괴롭힘을 당하지는 않을까 노심초사하기도 하고요. 아이가 소극적이라고 걱정하는 부모는 활달한 아이를 경계하기도 해요. 또 어른들에게도 말을 또박또박 잘하거나 자기 의견을 잘 이야기하는 아이는 또래 부모들에게 부러움의 대상이 되면서 동시에 경계의 대상이 될 수 있습니다.

학교폭력을 걱정하는 부모 중 일부는 피해의식이 과하다는 느낌을 받습니다. 우리 아이는 절대 다른 애를 괴롭힐 아이가 아니고, 다른 애들은 잠재적인 가해자이기 때문에 어떤 상황에서든 자기 아이는 피해자라고 간주하죠. 보통 아이가 말썽을 부리면 친구를 잘못 사귀어서 그렇다고 하는데, 상대 부모 역시 우리 아이에 대해 똑같이 생각할 수도 있어요.

저도 아들이 3학년 때 같은 학원에 다니는 아이 엄마에게 전화를 받은 적이 있었어요. 학원 버스에서 두 아이가 싸웠는데 자기 애가 다쳤다는 겁니다. 저는 그때 퇴근 전이었기 때문에 일단 사과하고, 얼마나 다쳤는지, 병원은 안 가도 되는지 묻자, 얼굴에 손톱으로 긁힌 상처가 났다고 했어요. 무조건 죄송하다고 하고 집에 갔더니 아들 얼굴에도 손톱자국이 여러 개 있더라고요. 어찌나 화가 나던지요. 문제는 그다음이었는데, 상대 엄마가 우리 애를 학원에 보내지 말라고 요구한 겁니다. 저는 이 일을 겪고 나서 평소에는 상식적이고 점잖은 사람들이 아이 일에는 얼마나 이성을 잃고 적대적으로 변하는지 알게 되었습니다.

1학년 부모는 학교에서 있었던 일에 대해 하나라도 더 알기 위해 꼬치꼬치 캐묻는 경우가 많습니다. 급식은 뭐가 나왔니, 수업은 어땠니, 애들하고 잘 놀았니, 괴롭히는 아이는 없었니 등등…. 이때 누가 괴롭혔다거나 때렸다는 이야기가 나오면 무조건 흥분해서 과도하게 화를 내거나 걱정하는 엄마들이 많아요. 그런데 이런 상황에서 반드시 기억할 게 있습니다. 아이들은 아직 어리기 때문에 자기가 겪은 일을 자기 관점에서 이야기해요. 예를 들어 A가 화장실에 급하게 가다가 앉아 있는 B의 어깨를 쳐서 B가 A의 배를 쳤다면 두 아이는 집에 가서 이렇게 말할 거예요.

A : "내가 지나가는데 B가 내 배를 쳤어."

B : "나는 그냥 앉아 있는데 A가 내 어깨를 쳤어."

두 아이 모두 틀린 말은 아니지만 아무도 상황을 정확하게 전달한 건 아니지요. 어린아이들이라 자기 관점에서 상황을 보기 때문이에요. 생각해보면 어른들도 크게 다르지 않습니다. 부부싸움을 한 부부는 서로 상대가 잘못해서 싸우게 됐다고 생각하잖아요. 따라서 아이가 어떤 말을 하든 들어는 주되 사실 확인이 아주 중요합니다.

실제 어떤 일이 일어났는지 알려면 담임 선생님에게 물어보아야 합니다. 제가 이상하다고 생각하는 현상 중 하나는 아이의 말을 액면 그대로 믿는 부모들이 전에 비해 정말 많아졌다는 겁니다. 전에는 아이가 한 말이 어디에서 비롯되었는지 대부분의 부모가 대략 짐작할 수 있었고, 정 필요하면 교사나 아이의 친구 부모 등 제삼자를 통해 사실을 확인했는데, 의외로 교사를 찾아가보지 않았다는 부모가 많아서 놀랐어요.

또 전에는 아이가 아프다고 하면 시험 보기 싫어서 혹은 숙제를 안 해서 혼날까 봐 그러는 건 아닌가 생각하는 부모들이 많았는데, 요즘은 있는 그대로 받아들이는 부모가 많아진 것 같습니다. 아이가 아프다고 하면 일단 진료를 받아보고, 문제가 없다고 확인되면 어떤 특혜도 주지 않는 것이 좋습니다. 그럴 때 숙제를 줄여주거나 학원을 쉬게 해주면 아이는 싫은 걸 회피하기 위해 계속 아프다고 할 수 있어요. 학교생활에서 결석은 학업과 또래 관계에 영향을 미칩니다. 대부분의 아이들이 같은 일정에 따라 움직이기 때문에 거기에서 벗어난 아이가 있으면 자신들과는 다르다고 느낄 수 있어요.

다시 싸움으로 돌아와, 어디까지가 다툼이고 어디서부터 학교폭력인지 정하는 것은 상당히 어려운 일입니다. 앞선 사례의 경우처럼 입학하고 한 달도 안 됐는데 서로 툭툭 치며 노는 것을 폭력이라고 하면, 아이들 손을 몸에 붙여서 보내야 하지 않을까요? 폭력 여부를 판단하기 위해 쉽게 적용할 수 있는 기준은 반복적이고 지속적으로 같은 일이 일어난다는 거예요. 머리를 툭툭 치는 것처럼 눈으로 확인할 수 있는 일이 반복해서 일어난다면, 판단하는 데 어려움은 없을 겁니다.

그렇지만 연필이나 지우개를 빌리는 것처럼 늘 있을 수 있는 일이지만 반복해서 일어난다면 일종의 괴롭힘일 가능성이 있습니다. 고의성도 기준이 될 수 있습니다. 책상 사이를 걸어가다 실수로 발을 칠 수는 있지만 쳐다보고 웃으면서 발을 치는 건 고의로 하는 것이기 때문에 폭력이 될 수 있어요. '너랑 안 놀아'라는 말은 다툰 아이들끼리는 할 수 있는 말이지만 '쟤랑 놀지 마' 하는 것은 따돌림을 선동하는 것이라 폭력으로 분류될 수 있습니다.

그런데 엄마가 매일 물어볼 수는 없잖아요. 그리고 아이들은 상황을 정확하게 전달하지 못하기 때문에 가해자로 지목당한 아이조차도 자기는 피해자라고 하는 경우가 많습니다. 상담하다 보면 다른 아이들을 매일 때리면서도 아이들이 놀아주지 않아 화가 나서 그랬다는 아이가 많아요. 상황을 이해하기 위해서는 아이의 말보다는 행동이 중요합니다. 아이들이 폭력을 당하고 나면 보통 짜증이 많아지고 사소한 일에도 울음을 터뜨리기도 해요. 학교를 잘 다니던 아이가 가기 싫다거나 집에서 있으면 안 되냐고 묻기도 하죠. 표현력이 부족한 아이 중에는 특정 아이의 행동은 말하지 않고 그 아이와 뭘 했다거나 그 아이가 뭘 가졌다는 말을 계속해 친한 친구인 걸로 착각하게 만드는 경우도 있어요.

학교폭력이 의심될 경우 상대 아이나 부모를 만나는 건 조심해야 합니다. 일단 아이는 자기 방어력이 없기 때문에 화가 난 어른을 보는 것만으로도 겁에 질릴 수 있어요. 또 상대 부모 역시 상황을 직접 보지 못했기 때문에 주의해야 합니다. 우선은 담임 선생님과 연락해서 아이의 친구 관계는 어떤지부터, 특정 아이와 갈등이 있는지 물어보아야 해요. 그리고 상대 아이가 우리 아이를 괴롭힌 게 밝혀졌을 때 학교폭력으로 신고할지 말지를 결정하는 건 또 다른 의미에서 중요합니다. 애가 당한 일을 생각하면 당장 처벌하고 사과를 받고 싶은 게 부모 마음이겠지만, 그 이후까지도 생각하고 결정해야 할 테니까요.

상담을 하면서 학교폭력위원회 이후 가해자가 아닌 피해자가 전학 가는 경우를 많이 보았습니다. 봉사활동이나 유기정학 등 징계를 받고 나면 아이들은 또 같이 학교생활을 해야 하잖아요. 가해자도 그렇지만 피해자도 똑같이 학교생활이 힘들어집니다. 아이들은 나름의 기준과 판단이 있어요. 재랑 놀다가 나도 그런 일을 당하는 건 아닐까 불안해져서 전처럼 친하게 지내기 어려울 수도 있고요. 교사 역시 아이의 기분을 과도하게 살피느라 자연스럽게 대하기가 어려워지죠. 학년이 올라갈수록 이런 일의 여파는 아이의 평판에 영향을 미칠 수 있습니다. 학년이 올라갈수록 누가 누구의 험담을 했다거나 다른 아이의 잘못을 선생님에게 일렀다거나 거짓말을 했다는 사실은 삽시간에 전교에 퍼져요. 아이를 위해서는 아이가 가급적 학교생활을 잘 이어갈 수 있는 상황을 만들어주는 게 제일 중요합니다.

3부

가정에서 가르쳐야 할 사회적 습관

스스로 시작하는 습관을 알려주는 법

초등학교 1학년 아이의 등교 준비는 가방 싸기와 준비물 챙기기부터 시작됩니다. 알림장을 살펴보고 교과서를 넣어주던 엄마는 문득 언제까지 이걸 엄마가 챙겨줘야 하나, 이제 아이가 알아서 할 때 아닌가 하는 생각이 듭니다.

양육의 최종 목표는 아이가 사회에 나가 독립적으로 생활할 수 있는 성인이 되도록 하는 것입니다. 이 시기는 대략 고등학교를 졸업하는 시기로 보고요. 무엇을 할지, 어떻게 할지를 스스로 판단하고 할 수 있는 게 이 나이라는 뜻입니다.

그런데 초등학교 저학년 아이가 뭔가를 '알아서' 할 수 있을까요? 이건 아이의 성장을 몰라서 하는 말입니다. 1학년 때는 엄마가 다

챙겨줬는데 2학년이 됐다고 갑자기 손을 놓아버리면, 아이는 당황스럽습니다. 이제 2학년이니까 혼자서 하라고 하는 것은 레시피를 한 번 보고 잔칫상을 차려보라는 것과 같습니다.

무언가를 알아서 하기 위해서는 단계별 훈련이 필요합니다. 아이가 배우는 속도는 평소 엄마가 얼마나 어떻게 도와줬는지에 따라 아주 달라집니다. 거의 다 도와줬다면 전혀 적응하지 못하는 게 당연합니다. 절반 정도는 아이가 하도록 했다면 훨씬 더 빨리 적응합니다.

'이제 네가 알아서 해'라고 하려면 연습이 필요하다는 사실을 꼭 명심해야 합니다. 엄마가 다 도와주다가 90퍼센트, 80퍼센트, 70퍼센트로 점점 줄여가는 게 좋겠죠.

장기기억으로 넘어가야 습관이 된다

학교에 다녀오면 손 씻고 간식 먹고 숙제하기. 대부분 초등학생의 일과입니다. 어른이 보기에는 너무나 간단한 일이죠. 매일 하는 건데 뭐가 힘들겠냐고 생각하기 쉽습니다.

하지만 아이가 자기 일을 알아서 하기 위해서는 인지기능, 감정조절 능력, 동기가 필요할 뿐만 아니라 체계적인 연습이 필수적입니다. 이 중 인지기능에서 가장 기초적이고 필수적인 기능은 작업기억입니다.

작업기억은 우리가 기억해야 할 내용을 머릿속에 기억하고 있는 걸 가리킵니다. 해야 할 일이 있다면 그걸 머릿속에 기억해야 하니까요. 그런데 이 작업기억의 용량은 상당히 작습니다. 그래서 한 번에 기억할 수 있는 양이 성인의 경우 일곱 개 전후라고 해요.

물을 먹으려고 냉장고 문을 열었다가 물은 꺼내지도 않고 그냥 문을 닫아버리는 경험, 다들 있지 않나요? 이는 작업기억 용량이 작거나 잡념이 많아 새로운 게 입력되지 않기 때문입니다. '물을 먹어야지'에서 시작했는데, 냉장고에 가는 길에 청소기가 방전되어 있고 아이가 입었던 옷이 여기저기 널브러져 있는 게 눈에 들어옵니다. 냉장고 문을 여니 채소가 시들어가고 있는 게 보입니다. 이럴 때 우리는 반사적으로 많은 생각을 하게 되죠. 결국 작업기억 용량이 초과되어 맨 앞에 있던 '물 먹어야지'라는 생각이 밀려나고, 어느새 세탁기를 돌리는 나를 발견하게 되는 겁니다.

휴대폰이 처음 세상에 나왔을 때 번호는 일곱 자리였어요. 그게 다 이유가 있습니다. 사람들이 들었을 때 한 번에 어렵지 않게 기억할 수 있는 최대치가 일곱 개이기 때문입니다.

아이에게 '손 씻고 간식 먹고 숙제해'라고 말했다면, 몇 개를 지시한 걸까요? 우리는 세 개라고 생각합니다. 하지만 그렇지 않아요.

일단 손 씻는 건 간단합니다. 그런데 '손 씻고 간식 먹고 숙제해'는 손 씻는 것보다 훨씬 복잡한 일입니다. 손을 씻는 사이에 딴생각도 할 수 있고, 물장난을 하다가 작년에 갔던 바닷가를 생각할 수도 있죠. 그런데 작업기억은 몇 초밖에 지속되지 않습니다.

저는 출근할 때 사무실에 가자마자 전자서명을 해야 한다는 걸 생각하면서 연구실에 들어갑니다. 그래야 잊지 않고 하거든요. 이제는 습관이 되어서 출근해서 컴퓨터를 켜자마자 병원 전산화 시스템에 접속합니다. 그런데 이게 습관이 되기까지는 꽤 오랜 시간이 걸렸습니다. 왜냐하면 그 전에는 제 방에 갖다놓은 결과 보고서에 사인을 하는 시스템이었기 때문에 따로 기억할 일이 없었거든요. 책상 위에 놓인 서류에 사인을 하는 것과, 컴퓨터를 켜서 전산화 시스템에 접속한 후에 전자서명을 하는 건 완전히 다른 일이더라고요. 루틴을 바꾸는 데는 시간이 소요됩니다.

처음 가는 병원에서 진료를 받았다고 합시다. 그럼 간호사가 설명을 해주죠.

“이거 수납하시고, 여기 가서 검사받고, 여기 가서 약 받고, 다음에 언제 다시 오세요.”

병원에서 일하는 사람들은 이걸 매끄럽고 쉽게 말합니다. 늘 하는 일이니까요. 그런데 환자 입장에서 생각해볼까요? 처음 설명을 들으면 다 알 것 같습니다. 이해하기 어려운 말이 있는 건 아니니까요. 그런데도 말한 대로 막상 움직이려고 하면 쉽지 않습니다. ‘엑스레이를 찍으라고 되어 있는데, 엑스레이는 어디에서 찍지? 가만, 돈을 먼저 내라고 했던가?’ 이렇게 생각하다 보면 어리바리한 모습을 보일 수밖에 없죠.

어떤 내용을 들었을 때 그걸 즉시 기억할 수 있는 건 몇 초밖에 안 되기 때문에 이런 현상이 일어나는 겁니다. 그러니까 아이들은 '손 씻고 간식 먹고 숙제해'라는 지시를 들었지만 손 씻는 사이에 모든 걸 잊어버린다고 보면 돼요.

그래서 아이들은 나이에 따라 지시를 다르게 해야 합니다. 초등학교 들어가기 전의 아이에게는 "일단 손 씻고 나와"라고 합니다. 그리고 그다음에 옷을 갈아입으라고 합니다. 스스로 옷 찾는 걸 아직 배우지 못했다면 엄마가 미리 찾아놓아야 합니다. 초등학교 저학년쯤 되면 학교 갔다 와서 손을 씻고 옷을 갈아입으라고 지시할 수 있습니다. 너무 쉽고 단순한 이 일을 못하는 게 이상해 보이겠지만, 제 손으로 하는 게 처음인 일은 누구에게나 어렵습니다. '손을 씻고 나온다'와 '옷을 갈아입는다'는, 시간 차이가 나는 두 가지 행동을 기억해두어야 하기 때문입니다.

맨날 하던 건데 뭐가 힘드냐고요? 그전에는 손을 씻고 나오면 옷을 주고 갈아입혀줬을 거니까요. 그러니까 아이의 기억은 손을 씻고 나오는 것에서 끝났을 수 있습니다. 그러니까 손 씻고 나오면 "옷 갈아입어"라고 다시 말해줘야 합니다.

이걸 반복하다 보면 이 작업기억에 있는 내용들이 의미 있는 정보 덩어리(chunking)로 전환됩니다. '씻어야지', '지금 뭐 해야 돼?'처럼, 할 일을 상기시켜주는 것만으로도 아이들은 할 일을 할 수 있습니다. 그러니까 일련의 과정을 조직화해서 장기기억으로 넘어가게 하려면 반복이 가장 좋은 방법입니다. 이걸 우리는 '습관'이라고 합니다.

스스로 숙제하는 습관 만들기

초등학교 엄마들이 많이 시달리는 문제 중 하나가 아이에게 숙제를 시키는 일입니다. 엄마가 보기에는 20분이면 끝날 숙제를 한 시간이 넘도록 하고 있는 아이를 보면 속이 터지죠. 그렇다고 숙제하는 내내 옆에서 지켜보자니 감시하는 것 같기도 하고 엄마도 힘듭니다. 스스로 하게 가르치고 싶은데 어떻게 해야 할까요?

스스로 숙제하는 습관을 배운다는 걸 어른 버전으로 설명해보겠습니다. '지금부터 영어 공부를 해서 토플 몇 점을 받을 거야' 하는 목표를 세우고 그걸 달성하는 과정을 생각해볼까요? 가장 먼저 하는 일은 계획입니다. 하루에 몇 시간, 혹은 교재 몇 페이지, 혹은 학원 수업 몇 시간 등의 계획을 세우는 거죠.

제가 대학에 다닐 때는 방학이 시작되면 꽤 많은 학생이 토플 강의를 수강신청했습니다. 저도 그랬습니다. 그러면 일주일 정도는 열심히 갑니다. 그다음 주에는 주변 인원이 60퍼센트 정도로 줄어듭니다. 3주쯤 되면 일주일에 한 번쯤 가고, 그다음에는 완전히 포기합니다. 그렇게 푹 쉬다가 개학하기 일주일 전부터 다시 다닙니다. 그리고 이렇게 생각해요. '다음 학기에는 진짜 열심히 다녀야지.' 그러고는 다음 방학이 되면 같은 일이 반복됩니다.

여러분도 아마 비슷한 경험이 있을 거예요. 다 큰 성인도 이런데 아이들은 어떨까요?

학교 갔다 와서 바로 숙제를 하는 경우는 별로 없습니다. 억지로 시키려고 해도 쉽지 않습니다. 아이가 학교 다녀오면 자발적으로 숙제를 했으면 하는 기대는 엄마의 꿈일 뿐입니다. 어차피 안 되는 일이라고 생각하면 화가 좀 덜 날 거예요.

매일 하는데도 알아서 못 하는 건 나름대로 이유가 있습니다. 충분히 반복이 안 되었기 때문입니다. 그렇다면 반복을 얼마나 해야 할까요? 최소한의 반복으로 습관을 들이는 방법이 있습니다. 해야 할 일을 그때마다 상기시키는 겁니다. 메모를 써놓을 수도 있지만, 엄마가 말해주는 것도 괜찮습니다.

언제까지 반복해주면 될까요? 그건 엄마가 얼마나 효율적으로 하느냐에 따라 다릅니다. 무언가를 습관으로 만들어주고 싶다면 꼭 기억해야 할 것들이 있습니다.

첫째, 짧고 단순하게 지시하세요.

아이가 학교에서 돌아오면 엄마가 다정하게 말합니다.

"왔니? 오늘 별일 없었어? 점심은 잘 먹었고? 이제 숙제하고 뭐

하고 뭐 해야지….”

이런 대화를 나누는 건 좋습니다. 하지만 일상적인 대화와 지시는 분리해야 합니다. 대화는 따로 하고, 지시할 때는 지시만 하세요. 지시할 때 불필요한 말들이 섞이면 아이는 지시 내용을 잘 기억하지 못합니다. 뭔가를 시키려면 그 말만 해야 합니다. “3시부터 숙제해”라든지 “간식 먹고 숙제해”라는 식으로, 짧고 담백하고 경쾌하게 지시하세요.

너무 건조한 것 아닌가 생각할 수 있지만, 우리 뇌는 미사여구를 많이 붙일수록 잘 기억하지 못합니다. 이성 뇌뿐 아니라 감정 뇌도 작동하기 때문에 내용에 집중하고 핵심을 파악하기 어렵습니다. 참고서나 실용서에서 전체 내용을 설명한 후 마지막에 핵심 정리를 해놓는 것도 같은 맥락입니다. 아이가 뭔가를 해야 한다면, 대화를 하려 하지 말고 간단하고 구체적으로 지시해야 합니다.

둘째, 지시를 반복하세요.

어떤 행동을 습관으로 만들려면 이걸 무한 반복한다고 생각해야 합니다. ‘나는 네가 이 행동을 습관적으로 할 때까지 계속해서 할 거야’라고 마음먹으면 오히려 반복하는 시간이 짧아질 겁니다.

아이가 왜 스스로 못하는지 고민하고 화를 낼수록 아이가 알아서 하는 시기는 훨씬 늦어집니다. 화를 내면서 시켰다가, 그게 미안해서 대신 해주곤 하는 일이 반복되다 보니 악순환이 되는 거죠.

가급적 순서도 똑같으면 좋습니다. 일과를 매일 똑같이 반복해주는 게 가장 효과적이에요. 간식을 먹고 나서 숙제해야 한다는 걸 알 정도가 됐다면, "간식 먹었으니까 이제 뭐 해야 하지?"라고 아이에게 살짝만 상기시켜주세요. 그러면 아이가 조금 더 빨리 기억해낼 수 있을 겁니다.

이런 식으로 조금씩 아이가 스스로 기억해내도록 단서를 주면 단기기억에 있던 내용이 점차 장기기억으로 옮겨갑니다. 그리고 아이의 장기기억에 저장되는 내용이 많아질수록 알아서 하는 일이 많아집니다.

셋째, 지시에 감정을 싣지 마세요.

아무리 아이를 위한 것이라고 해도 계속 반복해서 말하다 보면 귀찮고 짜증 날 수 있습니다. '아니, 도대체 언제까지 얘기를 해줘야 하지? 이쯤 됐으면 알아서 해야 하는 거 아냐?'라고 생각하면서 말하면, 지시에 감정이 담깁니다. 이렇게 되면 지시의 효과가 뚝 떨어집니다. 엄마가 지시에 부정적 감정을 싣게 되면, 아이도 감정이 촉발됩니다. '엄마는 맨날 잔소리야'라면서 행동을 관리하는 뇌 영역이 감정 뇌의 영향을 받게 되는 거죠. 그러면 부작용이 생깁니다. 아이의 뇌는 지시 내용을 깔끔하게 기억하지 못합니다.

이런 일이 반복되면 엄마가 지시할 때마다 화부터 낼 수 있습니다. 숙제할 때가 되었을 때 숙제를 하게 시키려면 시간과 숙제 간에 연결을 만들어줘야 하는데, 숙제 시간과 아이의 뇌가 연결되는 게 아니라 엄마의 짜증과 연결되는 거죠. 숙제가 마땅히 할 일로 받아들여지는 게 아니라 엄마가 짜증 내면서 시키는 일로 받아들여집니다.

엄마의 지시를 아이가 순순히 받아들이지 않으면 이걸 감정이나 관계의 문제로 받아들이는 부모가 많습니다. 하지만 숙제하라고 할 때 항상 짜증을 냈다면 아이는 숙제를 싫어할 수밖에 없습니다.

알아서 했으면 좋겠다는 마음이 강할수록 아이가 알아서 못할 때 화가 납니다. 그러면 쓸데없는 말이 많아지고 감정을 개입시키게 됩니다. 그럴수록 아이 입장에서는 지시가 복잡해지는 거예요.

넷째, 아이 수준에 맞게 단계를 나누어서 지시하세요.

아이가 기억을 못한다면 더 잘게 쪼개서 지시하세요. 만약 숙제를 시작하지 않는다면 "간식 먹었으니까 알림장 갖고 와"라고 하세요. 이건 좀 더 단순하죠. 알림장을 찾아오는 데 시간이 오래 걸린다면 "간식 먹었으니까 가방 갖고 와"로 바꾸세요. 아이 수준에 맞춰서 지시해야 합니다.

초등학교 입학을 앞둔 일곱 살 아이가 있다면 걱정이 많을 겁니다. 일단 지금 일과에서 하나씩 추가해보는 걸로 시작하는 걸 추천합니다. "씻고 나면 옷 갈아입어"라든지 "씻고 나면 식탁에 와" 하는 식으로 하나의 지시에 다른 지시를 하나씩 붙여주는 겁니다. 그렇게 반복해서 습관을 만들다 보면 어느새 아이 스스로 많은 일을 하고 있을 겁니다.

저학년의 집중 시간은 단 20분

초등학교 저학년이라면 한 번에 앉아서 집중할 수 있는 시간은 15분에서 20분 정도에 불과합니다. 그 시간도 항상 잘 집중할 수 있는 건 아닙니다. 흥미도 있어야 하고, 옆에서 주의를 환기하는 어른의 도움도 필요합니다. 학교에서는 선생님이 계속 흥미를 유도하고 주의를 환기해서 수업을 끌어가죠. 아이들은 흥미가 없으면 금방 산만해지거든요. 선생님들이 다양한 교재를 활용하고 모둠 활동을 시키는 것도 흥미와 동기, 집중하는 시간을 늘리기 위한 것입니다.

집에서는 집중하는 시간이 학교보다 훨씬 짧아집니다. 15분에서 20분이 지나면 좀 쉬게 하고, 다른 과목을 하게 한다든지 하는 게 효과적입니다.

숙제 양도 중요합니다. 부모가 보기에는 10분이면 할 걸 아이는 한 시간이나 한다고 불평할 수 있지만, 아이 숙제를 부모 눈높이에서 평가하는 건 어리석은 행동입니다. 어른들은 읽기, 쓰기, 계산을 수십 년 해왔어요. 눈으로 보기만 해도 답이 떠오릅니다. 그렇지만 아이는 지금 막 새로운 기술을 배웠습니다. 수준이 다릅니다.

라면이나 겨우 끓이는 사람에게 갑자기 신선로를 만들라고 하면 어떨까요? 시간이 열 배 주어진다고 해도 못할 겁니다. 잘하고 익숙한 사람이 하는 것과, 그걸 해본 적 없고 역량이 안 되는 사람이 하는 건 하늘과 땅 차이입니다.

숙제를 20분이면 할 수 있다는 말은 아이가 가장 집중해서 했을 때의 시간입니다. 그러나 아이들의 집중력은 상황과 피로도, 흥미도에 따라 편차가 큽니다. 잘할 때도 있고 못할 때도 있다는 거죠. 그러니 몇 분 내에 끝낸다는 생각은 내려놓으세요. 엄마가 옆에서 관리했을 때 몇 분, 관리하지 않으면 몇 분, 이런 식으로 따로 체크하세요.

가장 중요한 건 앞으로 아이 혼자서 이걸 관리해야 한다는 겁니다. 더 나이가 많은 아이, 아니 어른도 동기나 태도를 지속적으로 유지하는 건 아주 힘든 일입니다. 그런데 초등학교 저학년 아이가 무슨 동기로 스스로 공부를 하겠어요? 엄마가 옆에 있으면서 아이가 주의력이 흐트러진다 싶으면 "지금 얼마나 했어? 조금 남았네. 좀 빨리하자" 정도로 한 번씩 일러주세요. 그 정도면 충분합니다.

시간 개념을 가르치라

9시까지 학교 가야 하는데 아이가 집에서 나가야 할 시간까지도 꾸물대고 있으면 엄마는 속이 탑니다. 이럴 때 보통 시간 개념이 없다고 하죠.

시간 개념이라고 하면 보통 두 가지를 의미합니다. 하나는 시간에 맞춰서 움직이는 겁니다. 그리고 다른 하나는 시간을 활용하는 능력입니다. 지금부터 A를 해야 나중에 B를 할 수 있다고 생각할 수 있는 능력 말이에요.

앞서 작업기억에 대해 알아보았습니다. 작업기억은 정보를 가지고 일을 계획하고 순서를 지어 수행하는 것으로, 아주 고급한 시간 관리 능력입니다. 초등학교 저학년이라면 아직 작업기억을 매끄럽게 수행하기는 어렵습니다. 엄마가 몇 시까지 어느 학원에 가라고 하면 시간에 맞춰 가는 정도만 가능합니다. 이것도 항상 가능하지는 않기에 시간 맞춰 가는 아이들을 '똘똘하고 야무지다'고 칭찬하는 거겠죠.

아이들의 작업기억은 단계적으로 성장해나갑니다. 시간 개념 역시 단계적으로 훈련할 수 있습니다. 예를 들어 숙제를 시키면서 시간 관리를 가르치는 겁니다. 이때 주의할 건, 숙제가 많으면 안 된다는 것입니다. 숙제가 많으면 시간 개념 따위는 없어집니다. 양이 적당해야 시간 개념을 가르칠 수 있습니다.

숙제를 시키며 시간 개념 가르치는 법

일단 가장 먼저 해야 할 일은 숙제가 뭔지 리스트를 작성하는 것입니다. 리스트는 아이와 엄마가 함께 만들어야 합니다. 뭘 해야 하는지 아는 게 계획의 시작이기 때문입니다. 숙제의 시작과 끝이 분명하게 아이 머릿속에 들어갈 수 있어야 시간 개념을 가르칠 수 있습니다.

그다음으로 숙제 준비물을 가져오게 합니다. 숙제하는 데 필요한 연필이나 지우개 같은 걸 한 번에 준비해놓지 않으면 필요한 학용품을 찾는 데 시간을 다 쓰게 됩니다. 그러면 시간 개념 따위는 다 없어져 날아가버립니다. 그래서 저는 안방 화장대 서랍에 지우개를 두세 개 늘 넣어두었습니다. 숙제할 때는 없어지고 필요 없을 때는 굴러다니는 게 지우개더라고요.

그리고 시작 시간을 정합니다. 아이들은 짧고 간단한 지시에 따라 움직이는 건 쉽게 합니다. 3시 10분 전쯤 "3시부터 시작할 거야"라고 이야기해주세요. 너무 미리 얘기하면 의미가 없고, 10분 전쯤이 적당합니다. 아이가 한참 놀고 있는데 갑자기 시간이 됐다고 숙제하러 오기란 거의 불가능합니다. 이렇게 하면 아이들이 무언가를 몇 시에 시작하는 훈련이 됩니다.

스스로 하는 훈련이 전혀 안 되어 있는 아이라면 숙제하는 과정 전체를 엄마가 지켜보면서 가르쳐야 합니다. 아이가 금방 산만해질 수 있기 때문입니다. 만약 수학 숙제 하는 데 10분 정도 걸렸다면 다음 숙제를 하기 전 5분 정도 쉬는 게 좋습니다. 그래야 시작과 끝이 분명해집니다. 안 쉬고 계속하자고 하면 보통은 싫어합니다. 아이들이 숙제를 지겨워하는 이유 중 하나는 하나 다 했는데 엄마가 다른 걸 더 하자고 하기 때문입니다. 어느 정도 한 후에는 '다했구나' 하는 뿌듯한 느낌을 느껴야 숙제에 대한 부정적인 생각이 줄어듭니다. 끝났을 때 좋은 느낌이 있어야 시작하기가 더 쉽습니다.

아이에게 시간 개념을 가르쳐주기 위해서는 이처럼 엄마가 최대한 시간을 효과적이고 체계적으로 활용하며 숙제를 할 수 있도록 과정을 만들고, 그 과정을 참을성 있게 반복해줘야 합니다. 그리고 단계마다 칭찬을 해주세요. 좋은 습관을 들이는 데 가장 핵심적인 요인이 바로 칭찬입니다. 엄마가 '그 정도 컸으면 당연히 알아서 해야지'라고 생각하면 아이는 할 것을 하고도 혼나는 마음이 듭니다.

숙제라는 게 뭔지도 모르다가 숙제는 해야 한다는 걸 이제 막 기억하기 시작했다고 생각해보세요. 학교 다니기 이전에 비하면 정말 많이 성장한 겁니다. 이런 과정을 반복하면 아이는 어느 순간 준비하고 시작하고 끝내는 걸 스스로 착착 할 수 있게 됩니다. 연습용으로 짧은 과제부터 시작하는 걸 추천합니다. 과제에 초점을 두지 마시고 시간 개념을 가르친다는 생각으로 한번 시도해보길 바랍니다.

습관적인 짜증에는 반응하지 마라

아홉 살 남자아이인 현우는 등교하기 전에 세수하고 양치질하는 등의 당연히 해야 할 일을 하라고 엄마가 시키면 계속 짜증을 냅니다. 결국 엄마가 윽박지르고 나서야 전쟁이 끝납니다. 학교 숙제도 마찬가집니다. 그래서 엄마가 일부러 숙제를 안 시키고 보내서 혼나고 온 적도 있습니다. 밥을 먹을 때도 식탁에 음식을 흘리고 옷소매로 입을 닦거나 해서 휴지로 닦으라고만 해도 "왜 나한테 계속 잘못했다고 그래!"라면서 소리 지르고 울기도 합니다.

이렇게 매사 부정적이고 짜증 내는 아이 행동을 어떻게 해야 하는지 엄마는 고민입니다.

아이가 짜증을 내는 이유

아이들에게 무언가를 시켰을 때 즉각 "네"라고 하는 아이는 사실 별로 없습니다. "이것만 하고", "이따 할게"라고 하는 경우가 많죠. 그런데 사실 우리 어른들도 그렇지 않나요? 집도 청소해야 하고 아이들 먹을 음식도 해야 하는데, 당연히 해야 할 일이긴 하지만 기꺼이 하고 싶은 마음이 드는 건 아닙니다. 하는 게 당연하다는 분위기가 하기 싫다는 반작용을 낳기도 합니다.

그런데 이 아이는 습관적으로 짜증을 내는 것 같습니다. 엄마가 입을 열 때마다 내용도 듣지 않고 그냥 습관적으로 짜증을 내는 거죠. 이렇게까지 매사에 짜증을 내는 건 문제가 있어 보입니다.

왜 그러는 걸까요? 몇 가지 이유를 생각해볼 수 있습니다. 제일 흔한 원인은 아이가 짜증을 냈을 때 부모가 멈칫 물러서는 겁니다. 아이가 짜증을 냈을 때 엄마가 엄격한 얼굴로 다가간다면 아이는 주춤하게 됩니다. 그런데 아이가 "이따가 할게"라며 짜증을 냈더니 엄마가 약간 멈칫하면서 "그럼 좀 이따 꼭 해야 해"라고 친절하게 타이르면, 아이는 싫은 일을 미루고 시간을 벌게 되죠.

부모도 사람입니다. 어딘가 약한 고리가 있기 마련입니다. 그런데 애들은 그걸 귀신같이 알아요. 아이가 짜증을 낼 때마다 엄마가 물러서면서 틈을 준 건 아닐지 돌이켜보세요. 어떤 경우에는 엄마가 "그래. 그럼 하지 마"라고 했을 수도 있습니다.

아이의 습관은 처음 시작했을 때 보상이 주어졌기 때문에 만들어지는 경우가 많습니다. 그리고 일단 만들어진 습관은 보상이 없어도 유지됩니다. 관성이 생기는 거죠. 그렇게 아이는 하기 싫은 걸 시킬 때마다 습관적으로 짜증을 내게 되었을 수 있습니다.

새로운 습관을 만드는 것보다 있는 습관을 바꾸는 게 훨씬 어렵습니다. 사실 아이들은 짜증을 내서 얻는 게 별로 없어요. 결국 해야 할 일들이니까요. 그런데 이미 습관이 되었기 때문에 자기도 모르게 반사적으로 짜증을 내는 겁니다.

아이 행동을 바꾸려면 무관심을 이용하라

행동수정 원리에 따르면, 행동의 결과를 바꿔주면 행동이 달라집니다. 아이가 짜증을 냈을 때 엄마에게는 멈칫한다든지 타협해준다든지 화를 낸다든지 하는 여러 선택지가 있습니다. 그런데 결과를 바꿔주려면 '무관심'이 제일 좋습니다. 내가 어떤 행동을 했는데 아무것도 달라지지 않는다는 걸 알려주는 거죠. 아이는 점차 짜증을 내도 소용이 없다는 걸 깨닫게 됩니다.

제 남편은 밤에 늦게 들어올 때 아이스크림을 사 오곤 합니다. 남편이 늦게 들어온 다음 날이면 저는 반사적으로 냉장고를 열어보게 되죠. 그런데 3~4일 정도 아이스크림을 안 사 오면 어떻게 될까요?

안 열어봅니다.

아이가 뭔가를 여러 번 했는데 계속 반응이 없으면, 이 행동은 아무런 결과도 갖고 오지 않는다는 걸 깨닫고 그 행동이 점차 줄어듭니다. 그리고 어떤 행동을 하도록 할 때 가장 좋은 방법은 칭찬입니다. 없애야 할 행동에 대해 화를 내는 게 아니라 해야 하는 행동을 했을 때 칭찬하는 거죠. "네가 만약 엄마가 하라고 할 때 '알았어' 하고 바로 하면 스티커를 하나 줄게" 하는 식의 보상을 생각해보세요. 이처럼 짜증 내는 행동에 대해서는 무관심, 짜증을 안 내는 행동에 대해서는 칭찬, 이런 식으로 병행하면 훨씬 더 효과가 좋을 겁니다.

지적하는 만큼 칭찬해주라

무언가를 시켰을 때 짜증을 내는 데서 그치지 않는 아이들도 많습니다. 위 사례에서도 아이가 왜 나한테만 자꾸 잘못했다고 하냐며 울었잖아요. 그 마음이 이해되기도 합니다. 아이들을 키우다 보면 유난히 잔소리를 하게 만드는 아이가 있습니다. 보통 우리가 '미덥지 못하다'고 표현하는 아이들이죠. 그런 지적을 많이 받다 보면 아이는 거기에 압도돼 엄마가 입만 열면 지적이 쏟아질 거라고 생각하게 됩니다.

아이가 식탁에서 뭘 흘리고 옷으로 닦는 행동은 부모가 보기에 당연히 깔끔하지도 않고 고쳐야 할 행동입니다. 그런데 지금 아이는 자신이 어떤 아이인지 모르는 상태입니다. 그냥 자신이 움직이기만 하면 엄마 아빠가 계속 지적하는 거예요. 하루 종일 이런 지적을 받는다고 생각해보세요. 그 내용과 상관없이 아이는 억울합니다.

그러면 아이의 자존감이 떨어질 수 있습니다. 나중에 성장한 후 돌이켜보면 내용은 생각 안 나는데 맨날 부족한 아이 취급당하면서 컸다는 기억만 남게 될 겁니다. 지적을 많이 하는 부모는 지적하는데 너무 익숙해서 아이가 제대로 한 것, 잘한 것은 눈에 안 들어옵니다.

그래서 저는 일부러라도 지적을 한 번 하면 칭찬도 한 번 해주라고 합니다. 아이는 결국 세수도 하고 학교도 가잖아요. 어쩌면 아이가 하려고 하던 바로 직전에 엄마가 지적하는 것일 수도 있습니다. 저도 그런 경험이 많습니다. 청소해야겠다고 생각한 순간에 어머니가 "너는 청소도 안 하니?"라고 해서 엄청 억울했던 기억이 나네요.

적어도 지적하는 만큼은 잘한다는 칭찬을 해줘야 합니다. 그리고 엄마는 '작은' 지적이라고 생각하지만, 지적에 큰 것, 작은 것이 어딨나요. 아이에게는 똑같이 지적일 뿐입니다. 큰 것, 작은 것 가리지 말고 지적하는 횟수를 좀 줄여보세요. 도저히 지적하지 않고는 못 견디겠다면 아이와 좀 떨어져 있는 것도 방법입니다. 지적이라는 게, 하는 부모 입장과 듣는 아이 입장이 다르다는 걸 기억할 필요가 있습니다.

한 가지 더 팁을 드릴게요. 음식 먹다 흘릴 때, 수저를 탁 소리 나게 식탁에 놓을 때, 입 주변에 음식물을 묻힐 때마다 지적하지 마세요. 그냥 밥을 다 먹고 딱 한 번, "네가 흘린 건 네가 치워. 입에 묻은 건 휴지로 닦고"라고 말하세요.

지적하는 일에도 관성이 있어서 줄이기 힘들 겁니다. 그런데 아이의 짜증 내는 습관을 바꾸려면 부모도 습관을 바꾸려고 노력해야 합니다.

할 일을 안 했다면 이유를 묻지 말고 그냥 시키라

아홉 살 현정이가 쓰레기를 바닥에 버리는 걸 보고 엄마가 말했어요.

"현정아, 쓰레기가 바닥에 떨어졌는데 왜 모른 척하고 지나가니?"

"내가 안 버렸어."

현정이는 뭔가 잘못해서 지적하면 무조건 아니라고 부정하거나 핑계를 댑니다. 한번은 아이가 양치질을 안 한 걸 다 알고 엄마가 물었어요.

"현정아, 양치질했니?"

"지금 하려고 했어."

엄마는 이럴 때마다 어떻게 반응해야 할지 난감합니다. 왜 거짓말하냐고, 혹은 왜 핑계를 대냐고 짚어줘야 할까요? 아니면 그냥 무시하고 다시 하라고 지시해야 할까요? 많은 부모가 비슷한 고민을 할 것 같습니다. 아이들은 대체 왜 이러는 걸까요?

아이에게도 이유는 있다

먼저 부모님에게 질문해보겠습니다. 어제 하려고 했는데 못 한 일이 있나요? 그렇다면 그 이유는 뭔가요? 아마 시간이 안 됐거나 다른 사정이 있었을 거예요. 이렇게도 생각해봅시다. 만약 상사가 무언가를 지시했는데 못 했습니다. 그래서 다음 날 상사가 했냐고 물으면 뭐라고 할까요? 사정을 설명하겠죠.

아이들도 비슷합니다. 하려고 했는데 못 했을 거고, 아이 나름의 사정이 있었을 겁니다. 그런데 어른처럼 그 사정을 설명하지 못할 뿐입니다.

앞에 예로 든 현정이의 경우, 저라면 묻지 않고 그냥 "이거 쓰레기통에 갖다 버려"라고 했을 거예요. 양치질했냐고 묻지 않고 "양치질해"라고 할 겁니다. 안 했다는 걸 아는데, 이유를 물을 필요가 있나요? 이렇게 지시를 하면 아이는 그냥 지시에 따르기만 하면 됩니다. 무언가를 말할 필요가 없습니다. 말할 기회가 없다는 건 거짓말할 기회도 없다는 걸 의미합니다.

다시 어른의 예를 들어보겠습니다. 상사가 어제 지시한 일을 못했다고 치죠. A 상사는 이렇게 말했습니다.

"어제 안 했군요. 오늘까지 하세요."

그리고 B 상사는 이렇게 말했어요.

"왜 안 했어요? 안 한 이유를 좀 말해보세요. 내가 이해하고 싶어서 그래요."

둘 중 어느 쪽이 더 마음이 편한가요? 아마 대부분 A 상사를 택할 겁니다. A 상사에 대해서는 그냥 "예"라고 하면 되거든요. B 상사는 피곤합니다. 물론 어제 그 일을 안 해서 큰일이 벌어졌다면 모르지만 그렇지 않다면요. 사실 대단한 이유는 없거든요. 그냥 하려고 했는데 사소한 이유 때문에 못 한 것뿐입니다.

꼭 해야 할 일은 질문하지 말고 지시하라

관성을 극복하고 해야 할 일을 하려면 엄청난 동기가 있거나 습관이 되어야 합니다. 쓰레기를 버리는 일이나 양치질은 습관이 되어야 하는 일입니다. 그런데 엄마가 아이의 이유를 물으면 습관이 되는 게 어려워집니다.

그리고 이유 같은 건 없습니다. 예를 들어 집에 떨어져 있는 쓰레기를 집어서 버리는 건 어느 정도 성장해야 가능한 일입니다. 그리고 습관이 된다는 건 그냥 이유 없이 하는 겁니다.

상사가 만약 사적인 일을 부탁했는데 못했다고 해볼게요. 이때 경우 있는 상사라면 왜 안 했냐고 윽박지르고 추궁하지는 못할 겁니다. 조심스럽게 이유를 묻겠죠. 사적으로 부탁한 것이고, 내가 그걸 꼭 해야 할 의무는 없으니까요. 그런데 돈을 주고 시킨 일이라면요? 그건 당연히 해야 하는 일입니다. 그러니까 이유를 물어볼 필요 없이 지시할 수 있는 거예요.

그러니까 질문을 하면 상대방은 '내 일은 아니구나'라고 느낍니다. 아이한테 "이걸 왜 안 했어?"라고 물어보면 아이는 은연중에 '내가 안 할 수도 있고 할 수도 있는 일이구나'라고 생각하게 됩니다.

한 가지 팁을 주자면, "버려. 쓰레기가 있잖아"라고 하면 더 효과적입니다. 사람들은 '첫 말'에 제일 주의를 기울이게 마련이거든요.

아이가 자신감이 없고 소심하다고 속단하지 마라

초등학교 5학년 현우는 자신감이 부족한 아이입니다. 여섯 살이 지나면서부터 사소한 것부터 엄마한테 괜찮은지 물으며 불안해하곤 했다고 합니다. 스트레스 받는 숙제라도 있으면 "괜찮아? 나 할 수 있어?"라고 엄마에게 묻습니다.

이런 행동은 문제행동일까요? 그걸 알아보기 위해서는 집 말고 밖에서의 행동을 알아야 합니다. 엄마에게 묻기는 하지만 숙제를 다 해 간다면 문제행동일 가능성은 낮다고 볼 수 있습니다. 학교에서는 이런 모습을 안 보인다면 그냥 엄마를 괴롭게 하는 습관일 가능성이 큽니다.

아이에게 어떤 진단을 내리기 위해서는 아이가 가정생활과 학교생활 모두에서 문제가 생겨야 합니다. 그런데 어떤 행동은 집에서만 문제가 되는 경우가 있습니다. 이런 행동은 문제라고 진단하지는 않지만 엄마가 너무 괴로우면 수정할 필요는 있겠죠.

아이의 불안에 일일이 반응하지 마라

초등학교 5학년인데 여섯 살 때부터 이런 행동을 보였다고 하면 불안 수준이 높은 아이일 수는 있을 것 같습니다. 사소한 것도 묻는 건 그냥 습관일 것 같고요. 아이가 "엄마, 괜찮아?"라고 물으면 엄마가 "괜찮아, 괜찮아" 하고 대답해줬겠죠. 그걸 통해서 아이는 위로를 받았을 겁니다. 혹은 괜찮냐고 물을 때마다 엄마가 아이를 도와줬다면, 아이는 자신 없는 일을 엄마가 어느 정도 해결해준다고 느꼈을 수도 있고요.

만약 저라면, 아이가 사소한 걸 걱정하면서 물어보면 "괜찮아"라고 한 다음 도와주지는 않을 것 같습니다. 그리고 이게 지속되면 "그만 물어봐"라고 하거나 대답을 안 했을 것 같아요. 이 사례의 엄마는 아이의 불안을 어떻게든 진정시켜주려고 계속 대응해주다가 이게 습관으로 굳어졌을 가능성이 있어요.

또 하나 짚을 지점은, '스트레스 받는 숙제가 있으면'이라는 부분입니다. 이 숙제가 평상시와 크게 다르지 않은 학교 숙제라면 대답하지 않는 게 좋습니다. 학교라는 곳은 쭉 다녀야 하는 곳인데, 학교 숙제를 가지고 계속 이렇게 묻는 건 바람직하지 못한 행동입니다. 엄마가 이걸 계속 수용해주면 안 됩니다.

만약 사교육 숙제가 많은 거라면 실제로 숙제로 인해 어떤 일을 겪는지 살펴보세요. 만약 숙제 양이 너무 많아 잠자는 시간이 부족하다거나, 숙제를 안 해 가면 크게 혼난다거나 나머지 공부를 해야 한다면 아이가 스트레스를 받을 수 있습니다. 이럴 때는 숙제 양을 조절해주는 게 필요합니다.

그리고 아이가 "나 할 수 있어?"라고 매일 묻는다면 그냥 "응"이라고 한 번 해준 후, "더 물어보지 마. 엄마가 한 번만 대답해줄 거야" 라고 한 뒤 좀 지켜보세요. 그럼 아이는 둘 중 하나일 겁니다. 더 불안해하거나 점점 익숙해지거나. 5학년이면 익숙해질 가능성이 훨씬 큽니다.

아이가 자신감이 부족하다는 생각은 일단 내려놓으세요. 이 부분이 진지하게 걱정된다면 먼저 학교생활을 확인해보세요. 학교에서 자기표현을 너무 안 한다든지 위축된 모습을 보인다든지 하는 부분을 확인해본 후에야 진짜 자신감이 부족한지 여부를 알 수 있습니다. 현우의 사례에서 핵심은 불안함을 다스리기 위해 했던 행동이 오랫동안 습관이 되었다는 점입니다. 지금부터라도 엄마가 반응을 줄여 습관을 개선하도록 유도할 필요가 있습니다.

아이의 거짓말에 대처하는 법

우리는 거짓말에 예민합니다. 그 이유는 사람은 사회적 동물이기 때문이에요. 사회에서 받아들여지려면 다른 사람한테 신뢰를 얻는 게 중요합니다. 그래서 아이를 키울 때도 신뢰할 만한 사람으로 성장하도록 많은 노력을 기울이는 거죠. 그런데 그 과정에서 부딪히는 문제가 바로 거짓말입니다.

초등학교 저학년 때까지는 엄마가 뭘 하라고 하면 순순히 합니다. 어쩌다 거짓말을 해도 눈에 다 보이죠. 한 문제도 풀지 않은 학습지가 책상 위에 놓여 있는데 숙제를 다 했다고 하거나, 입 주변에 아이스크림이 묻었는데 먹지 않았다고 우기기도 합니다. 조금 더 크면 거짓말이 정교해집니다. 숙제가 있는데 없다고 한다거나 학원을 안 갔는데 갔다고 하는 식으로요.

아이들은 혼날까 봐 무서워서 거짓말을 한다

사실 부모 자식 간에 거짓말을 안 하기는 어렵습니다. 어떻게 보면 엄마가 애한테 거짓말을 더 많이 하지 않나요?

그런데 아이들은 거짓말이 무슨 의미인지 모르는 채로 즉흥적으로 거짓말을 합니다. 가장 큰 이유는 '엄마한테 혼날까 봐'입니다. 엄마가 눈으로 레이저를 쏘면, 아이들은 혼날 거라고 본능적으로 알아차립니다. 그러니까 숙제를 안 했다고 하면 혼날까 봐 했다고 하고, 학원에 안 갔다고 하면 혼날까 봐 갔다고 하는 거죠.

아이들의 거짓말은 90퍼센트가량이 생존형 거짓말입니다. 엄마한테 사실대로 말하면 '큰일날 것 같으니까' 하는 거짓말입니다. 사실대로 얘기하면 100퍼센트 혼나는데, 거짓말을 해서 엄마가 그냥 넘어가면 안 혼날 수 있잖아요. 그러니까 그 희망으로 거짓말을 거듭하게 되는 겁니다.

아이가 거짓말을 하지 않게 하는 방법은 사실 간단합니다. 아이에게 무언가를 하라고, 혹은 무언가를 하지 말라고 '약속하지 말고' 그냥 지시하세요. 그리고 지시에 안 따르면 거기에 맞는 벌칙을 주면 됩니다. 아이와 약속을 하면 그걸 꼭 해야 하는 걸로 받아들이기보다는 자신에게 선택권이 있다고 생각합니다. 하지 않을 가능성도 있습니다. 그러고는 했다고 거짓말을 하기도 하고요. 그 결과 약속을 지키지 않았다고 혼나고, 거짓말을 했다고 또 혼납니다. 두 번 혼나는 거죠.

많은 부모가 아이들이 거짓말을 하면 아이를 믿을 수 없다고 생각합니다. 그런데 아이들은 신뢰를 어겼다는 게 무슨 뜻인지 잘 모릅니다. 그저 나쁜 사람이 된 것 같아 죄책감을 느낄 뿐입니다.

자백보다 확인, 처벌보다 추가적인 일

많은 부모가 아이가 거짓말을 했을 때 '자백'을 받아내는 걸 중요하게 생각합니다. 자백을 받아내고 반성의 말까지 들어야 한다고 생각하죠. 그런데 자백을 받아내려다 보면 점점 위협과 협박의 정도가 높아집니다. 아이는 더 겁을 먹게 되고요. 그런데 이 과정이 '거짓말을 하면 안 된다'를 가르치는 게 아니라 '거짓말하다가 걸리면 큰일난다'는 걸 가르치는 건 아닌지 생각해볼 필요가 있습니다. 아이의 거짓말은 점점 더 정교해집니다. 부모를 감쪽같이 속이기도 하고, 어떤 경우에는 아이가 자신이 한 거짓말을 믿는 경우도 생깁니다.

거짓말을 했다고 너무 강하게 몰아붙이면 아이들이 불필요한 정도의 공포와 죄책감에 시달리게 되고, 거짓말을 할 때 훨씬 더 필사적으로 하게 됩니다. 따라서 아이의 말이 사실인지 아닌지를 아이에게 물어봐서 확인하는 건 별로 좋지 않습니다. 자백을 받아내려고 하지 말고, 확인할 수 있는 건 확인하세요. 숙제를 안 한 것 같다면 떠보거나 추궁하지 말고, 숙제한 걸 가져오라고 해서 직접 확인하면 됩니다.

아이가 거짓말을 했다면 처벌보다는 적절한 결과를 겪도록 하는 게 효과적입니다. 예를 들어 거짓말을 하면 숙제를 두 배로 늘린다든지, 유튜브를 약속 시간보다 더 많이 봤다면 다음에는 시간을 줄인다든지 하는 식으로요. 거짓말을 하고 뭔가 불이익이 돌아오면 거짓말을 안 하게 될 겁니다.

아이들은 아직 자제력이 부족하기에 때론 물리력도 필요합니다. 특히 게임은 더욱 스스로 자제하기 힘듭니다. 정해진 시간이 되어도 그만두지 못하면, 엄마가 직접 가져와서 꺼야 합니다. 그러지 않으면 몰래 숨기거나, 조금밖에 안 했다고 속일 수도 있습니다. 돈 문제도 마찬가지입니다. 돈이 집 안 여기저기에 있으면 아이들은 별 죄책감 없이 돈을 가져가 쓸 수 있습니다. 돈 같은 건 아이 눈에 보이지 않게 잘 관리하는 것도 중요합니다. 반복되면 고치기 힘들어지거든요.

그 행동을 했을 때 더 안 좋은 일이 생긴다는 걸 가르쳐줘야 합니다. 단, 그걸 공포심으로 다스리면 더 필사적으로 거짓말을 하게 되니 주의해야 합니다. 또 과도하게 엄격한 건 아이에게 거짓말할 여지를 더 많이 줄 수도 있습니다. 다른 친구들이 다 하는 걸 혼자만 못하면, 어느 순간까지는 그 엄격한 규칙을 따르다가 사소한 것부터 시작해 거짓말이 커질 거예요.

식사 행동을 교정하면 먹는 양도 늘어난다

잘 안 먹는 아이를 어떻게 해야 할까요? 많은 엄마의 고민입니다. 제 아들도 어릴 때 밥을 적게 먹고 마른 편이었는데, 그것 때문에 주변 사람들에게 지적과 충고를 많이 들었던 기억이 납니다. 제가 밖에서 일을 하니, 엄마가 집에 없어서 제대로 밥을 안 먹인다는 얘기까지 들었습니다. 우리나라 문화에서는 아이들이 먹는 것에 대해 유난히 관심이 많은 것 같습니다.

키나 몸무게가 정상범위에 미치지 못한다거나 먹는 걸 제대로 흡수하지 못하는 것 같으면 병원에 가면 됩니다. 저는 소아과 의사가 아니기 때문에 너무 적게 먹는 건지 충분히 먹는 건지를 알려드릴 수는 없습니다. 아이가 그 나이에 맞는 평균 키와 몸무게에서 크게 벗어나지 않으면, 어른이 보기에 잘 안 먹는 것처럼 보이더라도 아이에게는 충분한 양일 수 있습니다. 그러니 단순히 먹는 양보다는 아이의 성장 발육을 확인하는 게 훨씬 중요합니다.

잘 먹는다는 것의 기준도 다 다르고, 집안마다 밥그릇 크기도 조금씩 다릅니다. 밥을 먹으면서 반찬을 충분히 먹는 아이들도 있고, 반찬은 최소한으로 먹는 아이들도 있습니다.

아이가 잘 먹어서 쑥쑥 자랐으면 좋겠는 건 모든 부모의 바람입니다. 그런데 바람을 강요하면 아이도 괴롭고 부모도 괴롭습니다. '바람'과 '팩트'를 구별해야 아이와 불필요한 실랑이를 줄일 수 있습니다.

신체적인 원인과 심리적인 원인

사람이 살아가고 움직이는 데는 영양이 필요합니다. 어떤 사람도 음식을 안 먹고 살 수는 없습니다. 아이들은 양육자가 모유나 우유를 주고, 그다음에는 이유식을 주는 것으로 밥을 먹기 시작합니다. 아이가 배가 고프다는 신호를 보낼 때마다 먹여주는 걸 반복합니다. 그런데 그 과정에서 뭔가 좋지 않은 경험을 했다면 먹는 행동에 문제가 생길 수 있습니다.

아이가 어릴수록 문제의 원인은 심리적인 것보다 신체적인 것에 있는 경우가 많습니다. 그래서 이때는 무조건 신체적 문제를 먼저 체크해봐야 합니다. 아이들은 근육이 연약하기 때문에 식도 사이의 근육도 약합니다. 그래서 위까지 음식물이 내려갔다가 식도로 역류하는 경우가 있습니다. 이런 경우 아이에게 음식은 자신을 아프게 하는 것입니다. 만약 아이가 음식을 보고 질겁을 한다면 병원에 가서 이런 문제가 있는지 확인해볼 필요가 있습니다.

변비나 설사도 비슷한 결과를 가져올 수 있습니다. 변비나 설사 증상이 있으면 배가 아픈데, 그러면 아이들은 뭔가를 먹었기 때문에 배가 아프다고 이해할 수 있어요.

이런 신체 증상 외에 심리적인 원인도 꽤 있습니다. 이유식을 끝내고 밥을 먹기 시작할 때 이런 경우가 많습니다. 부모는 한 숟가락이라도 더 먹이려는 마음으로 아이에게 밥을 먹입니다. 기대보다 좀 더 먹는 건 상관없는데 덜 먹는 건 용납이 안 됩니다. 아이가 그만 먹으려고 하면 "한 숟가락만 더"라고 합니다. 그런데 그냥 권하는 정도가 아니라 강하게 압박하면 아이는 부담이 돼서 식사 시간이 싫어질 수 있습니다. 음식을 먹기 시작하면 그 끝에는 항상 엄마가 화를 내거나 짜증 내거나 잔소리를 하니까, 식사 시간 전체가 부정적 자극이 되는 겁니다.

그 반대의 경우도 있습니다. 아이가 밥을 안 먹을 때마다 "이거 다 먹으면 사탕 줄게"라는 식으로 보상을 주는 겁니다. 그러면 밥을 안 먹는 행동을 강화하는 셈이 됩니다. 아이 입장에서는 밥을 안 먹어야 엄마가 보상을 주기 때문에 일단 안 먹고 보는 겁니다. 아이가 엄마 애를 많이 먹일수록 엄마가 많은 관심과 선물을 주기 때문에 안 먹는 행동이 강화되는 거예요. 최근에는 엄마가 강하게 압박해서 윽박지르기보다는 먹이기 위해 달래는 보상을 주는 경우가 많아졌는데, 점점 더 아이의 식사 행동이 안 좋아지는 경우가 많아지는 건 이 때문도 있는 것 같습니다.

실제로 뭘 얼마나 먹는지 측정해보라

아이가 먹는 것에 문제가 있는지 알기 위해서는 좀 더 면밀한 관찰이 필요합니다. 아이가 잘 못 먹고 있는 것 같다고 느낀다면, 아이가 실제로 어떤 음식을 어느 정도나, 몇 번이나 먹는지 제대로 체크해보세요. 일단 35일 정도 아이의 식사 주기와 음식 목록을 기록해보는 걸 추천합니다.

제 아이가 어렸을 때 용가리 치킨이 나와서 아이 식사 준비로 골머리를 앓는 부모들에게 크게 환영받았던 기억이 납니다. 저도 예외가 아니었습니다. 냉동실에 항상 그 제품을 구비해두곤 했죠. 그런데 맨날 냉동식품만 먹이는 것 같아서 죄책감도 들었습니다. 그런데 내가 정말로 냉동식품을 많이 먹였는지 알려면 기록을 해봐야 합니다. 의외로 생각보다 가끔일 수 있거든요. 죄책감이 과할수록 먹이려는 데 더 집착하게 되므로, 객관적인 시각을 갖는 게 중요합니다.

아이가 얼마나 많이 먹는지에 예민하게 구는 부모가 많습니다. 많이 먹으면 많이 큰다고 생각해서 그런 것 같아요. 그리고 얼마나 많이 먹는지는 보통 밥으로만 판단하는 경우가 많은데, 사실은 간식까지 다 포함해야 합니다.

그리고 편식하는 아이의 경우 모든 음식에는 칼로리와 영양분이 있기 때문에 편식한다고 해서 꼭 적게 먹는 건 아닙니다. 편식이 항상 영양의 불균형을 초래하는 것도 아니고요. 예를 들어 아이가 사과를 안 먹는다고 해서 큰 문제는 아닙니다. 사과가 나지 않는 나라도 있는걸요. 식단과 식습관을 전체적으로 보고, 필요한 영양소를 골고루 섭취하고 있는지를 적어보세요.

식사하기 전에 간식을 너무 먹으면 밥을 안 먹게 되는데, 끼니에 민감한 부모의 경우 식사 전에 간식 먹은 걸 잊어버리는 경우가 많습니다. 특히 음료수는 그냥 물이라고 생각해 음식에서 빼게 됩니다. 우유나 주스는 뭘 먹은 거에 안 들어간다고 생각하는 거죠. 하지만 음료수에도 상당한 칼로리가 있기 때문에 식사 전에는 가급적 음료수도 주지 않는 게 좋습니다.

식사 시간은 어느 정도가 적절한지도 생각해봐야 합니다. 어른과 아이는 먹는 속도에 차이가 납니다. 혼자 먹는 데 익숙하지 않은 아이들은 어른에 비해 시간이 더 많이 드는 게 보통입니다. 그러다 보면 먹는 데 흥미를 잃을 수도 있어요. 또 문제행동 때문에 제대로 음식을 못 먹을 수도 있습니다. 어떤 음식을 얼마나 먹는지, 그리고 식사 시간 중에 어떤 일이 일어나는지도 체크해볼 필요가 있습니다.

식사와 간식에 대해 교과서적인 원칙은 다음과 같습니다. 일반적으로 하루 세 끼와 그 사이사이에 두 번의 간식이 적당합니다. 식사 시간은 20~30분을, 간식 시간은 10~20분을 넘기지 않는 게 좋습니다. 세 번의 끼니와 두 번의 간식 외에 다른 건 주지 않도록 해야 합니다.

그리고 음료수는 그냥 물만 먹는 게 좋습니다. 간식을 먹을 때 우유를 함께 먹는다면 간식과 우유를 합쳐서 열량을 계산해야 합니다. 특히 주스나 우유는 많이 마시면 식사량이 줄어들 수 있기 때문에 하루에 먹는 양을 정해놓는 게 좋습니다.

올바른 식사 습관 들이기

식사할 때 돌아다니지 못하게 해야 하는지, 밥만 먹고 반찬은 먹지 않아도 내버려두어야 하는지, 영상을 보면서 먹여도 되는지 등 밥 한 끼 먹일 때도 부모가 신경 쓸 일이 참 많습니다. 식사 태도가 좋지 않은 아이들을 교정시키려면 손이 많이 갑니다. 그래서 방치하는 부모도 있습니다. 그러나 아이가 식탁에서 밥을 먹기 시작할 무렵부터 다음 절차를 반복하면 어렵지 않게 좋은 습관이 만들어집니다.

먼저 식사 시간을 정합니다. "식사 시간은 30분이야" 하는 식으로요. 아이가 안 먹겠다고 할 수도 있고 빨리 먹고 일어나려고 할 수도 있는데, 정해진 시간 동안에는 앉아 있게 해야 합니다. 처음에는 힘들어하더라도 일단 몸에 배게 되면 좋은 습관이 됩니다.

아이가 아직 어릴 때는 엄마가 떠먹여줘야 하는데, 먹기 싫다거나 기분이 상하면 숟가락을 손으로 칠 수 있습니다. 그러면 그 손을 잡고 다시 음식을 주면 됩니다. 이 모든 걸 부드럽게, 하지만 단호하게 하는 게 중요합니다.

아이가 가만히 앉아 있게 하려고 장난감을 주거나 텔레비전을 틀어주는 경우가 있습니다. 하지만 아이들의 뇌는 단순하기 때문에 장난감을 주면 장난감을 가지고 놀지 밥을 먹지는 않습니다. 결국 아이는 노는 데 몰두하고, 엄마는 숟가락을 들고 계속 먹여줘야 하는 일이 반복됩니다. 반 그릇이라도 자기 힘으로 먹을 수 있도록 식사에 집중하는 법을 가르쳐야 합니다.

음식을 뱉는 경우는 음식이 싫어서일 수도 있지만, 음식에 대한 문제행동일 수도 있습니다. 지시에 순응하지 않는 행동이죠. 음식을 뱉으면 똑같은 양을 다시 주세요. 이걸 뱉는다고 해서 식사가 중단되지 않는다는 걸 가르치는 겁니다. 아이가 강하게 음식을 거부하면 달래면서 조금 더 먹도록 해보세요. 이 정도면 먹어볼까 하는 마음이 들 정도의 양만요. 아이가 먹으면 계속 칭찬을 해주세요.

식사량과 무관하게 식사 태도는 짧은 시간 집중해서 밥 먹는 것에서부터 시작해 점점 긴 시간으로 늘려가야 합니다. 초등학교에 가면 지나치게 빨리 먹거나 늦게 먹는 게 문제가 될 수 있거든요. 입학하기 전 식사를 같이 시작하고 일정 시간 동안 앉아 있는 것까지 가르쳐야 점심시간을 무난히 보낼 수 있습니다.

혼자 먹기가 안 되는 아이들은 약간의 촉진 전략을 사용하면 됩니다. 간단합니다. 그냥 밥 먹자고 하고, 아이 손을 숟가락에 대고 밥 먹는 동작을 반복해주세요. 아주 어린 아이들도 쉽게 배울 수 있습니다.

밥을 먹을 때 엄마가 아이를 좀 즐겁게 해주면 더 좋습니다. 저는 아이가 어릴 때 "밥은 비행기고 김치는 리본이야. 그래서 비행기가 리본을 달고 날아가는 거야"라고 했어요. 숟가락을 들고 윙 하고 김치를 아이 입에 넣어주면 까르르 웃으면서 밥 한 그릇을 다 비웠습니다.

매번 그렇게 할 수는 없더라도 조금만 더 촉진해주고, 밥 먹는 과정 자체를 즐거운 것으로 인지하게 해주면 식사 행동은 점점 좋아질 수 있습니다. 좋은 행동을 가르치며 칭찬해주면 양도 늡니다. 식사 시간에는 같이 앉아서 최소한의 양이라도 스스로 먹게 하세요. 이렇게 하면 식사 시간이 좀 더 평화로워질 것입니다.

스마트폰 딜레마의 해결법

아이가 초등학교에 가면 스마트폰을 꼭 사줘야 하는지, 언제 사줄지, 어떤 기종이 적당한지 고민하게 됩니다. 몇 살에 스마트폰을 사주는 게 맞을까요? 이 질문에 정답이 있는 것은 아닙니다.

예전에 비하면 요즘 아이들은 스마트폰에 노출되는 나이가 이릅니다. 엄마가 직장에 다니면 아이의 위치 확인이 필요해 저학년 때부터 키즈폰을 사주는 경우도 많고요. 또 스마트 패드 등 다양한 미디어 기기를 유아 시기부터 손에 쥐여주기도 합니다.

일단 아이가 스마트폰을 사달라고 하면 부모 머릿속에는 여러 가지 생각이 듭니다. 솔직히 사주고 싶지는 않은데, 안 사주면 계속 조를 테니까 귀찮기도 하고요. 보통 아이들이 "엄마, 나만 스마트폰 없어. 다른 애들은 다 있는데"라고 합니다. 그런데 진짜 그런 경우는 거의 없습니다. 스마트폰뿐만 아니라 다른 장난감도 그렇습니다. 부모들이 '우리 애만 없는 거 아닌가' 하는 생각에 사준다고 하지만, 실제로는 아이가 조를 때 느끼는 부모의 압박감이 이때 더 큰 영향을 미칩니다.

스마트폰을 꼭 사줘야 할까?

부모가 참고할 수 있는 준거 집단은 한정되어 있습니다. 그 집단에 가지고 있는 애들이 많으면 그렇게 생각하기 쉽죠. 그런데 저처럼 아주 많은 아이들을 만나다 보면, 사람들은 서로 다른 이유로 다양한 결정을 한다는 것을 알 수 있습니다. 같은 지역에 같은 학교라도 몇 년 전과 지금이 다르고, 첫아이를 키우는 엄마와 둘째를 키우는 엄마의 생각도 다릅니다.

그리고 뭔가 사주는 걸로 존재감을 확인하려고 하는 친척들이 주변에 있는 경우도 많습니다. 엄마보다 아빠가 사주자고 하는 경우가 더 많기도 합니다. 그런데 아이 앞에서 부부가 이런 걸로 다투면 아이는 좀 더 힘을 얻게 됩니다. "거봐, 아빠는 사준다고 하잖아"라든가 "할머니가 사준대"라고 하면 엄마는 전투력을 상실하게 되죠. 엄마가 신념대로 하기에는 참 난관이 많습니다.

그래서 보통은 내가 생각한 것보다 조금 더 빨리 사주게 되거나, 조금 더 빨리 바꿔주게 되거나, 좀 더 좋은 걸 사주게 되는 경우가 많습니다. 사실 '스마트폰을 안 사주면 아이가 이렇게 할 거야'라든가 '우리 애만 없어서 다른 애들이 이상하게 볼 거야'라는 건 그냥 어른들 생각입니다. 그런 생각을 배제하고 한번 생각해보죠.

이를테면 엄마가 스마트폰을 안 사줄 거라고 결정하고, '네가 아무리 졸라도 엄마는 사줄 수 없어'라는 마음을 먹으면 신기하게 아이가 안 조릅니다. 엄마의 의지가 전달되거든요.

의지가 어떻게 전달될까요? "엄마, 나도 스마트폰 사줘"라고 했을 때 "네가 왜 스마트폰이 필요해. 엄마가 보니까 가진 애들도 몇 안 되더라. 아빠도 안 된다고 할 거야"라고 말하면 아이 입장에서는 정말 필요하다는 걸 설득시키고 다른 애들이 많이 가졌다는 걸 입증하면 될 것 같다는 생각이 들어요. 게다가 아빠는 안 된다는 말을 아직 안 했기 때문에 아빠한테 졸라보라는 힌트가 되기도 합니다.

그런데 "아니야. 엄마는 지금 안 사주고 네가 더 크면 사줄 거야"라고 이야기를 끝내버리면 아이는 엄마의 의지를 느끼고 더 졸라봐야 소용없다는 것도 알게 됩니다. 일단 스마트폰을 사주면 대부분의 가정에서 더 사용하고 싶어하는 아이와 사용하지 못하게 하려는 부모 간에 전쟁이 일어납니다. 우리 아이는 괜찮겠지라고 생각해도 곧 그런 일이 생깁니다. 해보지 않은 상황에서의 약속은 그때뿐이고, 일단 해보면 아이의 마음이 달라집니다. 아이들의 감정이 이렇게 움직인다는 것은 부모가 꼭 알아야 할 부분입니다.

스마트폰을 사줬다가 아이가 과도하게 사용하거나 잘못 사용한 경우 뺏어야 할 수도 있습니다. 이때 "너 그만 봐. 너무 많이 하면 안 된다고 했지. 더 하면 엄마가 뺏을 거야"라고 얘기합니다. 그런데 엄마 머릿속에는 '애가 그만두지 않으면 어떡하지? 정말 뺏어야 하나?'라는 망설임이 있습니다.

사실 줬다가 뺏는 건 아예 주지 않는 것보다 훨씬 힘듭니다. 특히 아이들이 5학년을 넘어가면 그 누구도 부모에게 핸드폰을 뺏기지 않으려고 합니다. 심지어 핸드폰을 뺏으려는 부모와 뺏기지 않으려는 아이 사이에 몸싸움이 벌어지기도 합니다.

그래서 처음 사줄 때부터 명백하고 구체적인 규칙을 정해야 합니다. 규칙을 지키지 못해 부모가 핸드폰을 보관한다면 '압수'가 아니라 '반납'이라고 생각하게 해야 합니다. '엄마가 정한 규칙을 지키지 않으면 나는 휴대폰을 반납해야 해'라는 생각을 갖도록 해야 한다는 뜻입니다.

스마트폰을 사줄 때는 규칙을 정하라

많은 엄마가 아이가 어디 있는지 알기 위해, 아이의 안전을 위해 스마트폰을 사줘야 한다고 생각합니다. 학원을 제대로 갔는지, 집에 제시간에 왔는지 확인해야 하니까요. 실제로 대부분 아이가 그런 이유로 처음 스마트폰을 갖게 됩니다.

그런데 아이가 저학년일 때는 스마트폰을 통해 위치도 파악할 수 있고 전화도 잘 받지만, 학년이 올라가면 전화를 잘 안 받는 경우가 많습니다. 엄마와 통화해봐야 잔소리만 듣는다고 생각해 필요할 때만 전화를 합니다. 그래서 안전을 이유로 스마트폰을 사준다면 기능이 단순하고 비싸지 않은 걸 사주는 게 좋습니다.

스마트폰을 사주고 나면 계속 걱정이 됩니다. 아이가 스마트폰을 너무 많이 하면 어떡하지, 해로운 내용을 보면 어떡하지 하는 걱정을 반복합니다. 아이가 자라면 자제력을 갖게 될까요? 아닙니다. 아이들이 조금 컸다고 자제력이 생겨 스스로 스마트폰을 절제하는 경우는 별로 없습니다. 숙제를 먼저 하라는 엄마와 조금 더 보고 하겠다는 아이 사이의 실랑이, 너무 늦게 자지 말라는 엄마와 알아서 하겠다는 아이 사이의 실랑이는 대부분 가정에서 일어나는 일입니다. 기질적으로 자기 통제력이 강한 아이나 불안이 높아 스마트폰을 너무 많이 하면 안 좋다는 걸 의식하는 아이는 자제를 잘하지만, 극히 소수죠. 따라서 스마트폰 사용의 조절 여부는 아이의 의지가 아닌 부모의 의지가 결정합니다.

아이들이 스마트폰을 하는 걸 과도하게 괴로워하는 부모들이 있습니다. 온갖 안 좋은 생각이 떠오르죠. 중독되는 건 아닌지 걱정하고, 그 시간에 공부해야 한다고 생각합니다. 이런 갈등은 초등학교 고학년에 시작되어 중학교 때 극을 달리게 됩니다.

이런 문제를 예방하려면, 몇 가지 규칙을 정하고 6개월 정도만 지켜도 극단적으로 엄마와 부딪히는 일은 안 일어납니다.

일단 사용 시간과 내용을 정합니다. 사용 시간을 꼼꼼하게 정해 시간이 되면 그만하라고 하기보다는, 예를 들어 한 시간을 하기로 했는데 5분 초과했다면 그다음 날은 10분을 깎는 식으로 합니다. 엄마한테 애교를 부리거나 짜증을 내거나 앞으로 잘한다고 약속하는 것으로는 1분도 더 늘릴 수 없다는 걸 느끼게 해야 합니다. 정해진 시간을 넘기면 자신에게 손해라는 걸 아이가 경험하게 해야 합니다.

초반에는 아이가 반항할 수 있습니다. 하지만 반복하세요. 스마트폰에 대한 규칙을 지키도록 계속 통제를 하면 아이가 스마트폰에 대한 집착이 좀 줄어듭니다. 내 손에 있을 수도 있고 없을 수도 있는 게 되죠.

그리고 스마트폰을 통제한다는 건 못하게 하는 게 아닙니다. "스마트폰을 30분 이상 쓰면 안 돼"가 아니라, 중단할 때 중단할 줄 아는 게 중요합니다. 잘 시간이 되면 그만하고, 중단해야 할 때는 수월하게 중단할 수 있어야 합니다.

그런데 자유 시간을 길게 주면 중단이 어려워집니다. 계속하다 보면 습관이 되기 때문입니다. 이럴 땐 어떻게 해야 할까요? 그만해야 할 시간을 정하고, 그 시간이 되면 와이파이를 끄세요. 그러면 아이가 핫스팟을 켜달라고 할 겁니다. 그러면 "우리 집에 핫스팟은 없어. 10시에는 와이파이를 끌 거야"라고 하세요. 와이파이 비밀번호는 아이가 접근하지 못하게 하시고요. 이렇게 하면 아이가 자제력을 키우는 데 훨씬 더 도움이 됩니다. 반복해서 말하지만 아이의 의지력은 단단한 부모 마음에서 비롯됩니다.

많은 부모가 막연하게 "우리 애가 스마트폰을 하느라 공부를 안 해서 걱정이에요"라고 하지만, 이렇게 해서는 문제 파악이 어렵고 해결은 더 어렵습니다. 아이의 나이와 기질도 알아야 하고, 평소 학교생활과 가정생활은 어떤지, 스마트폰을 언제 하는데 어느 상황에서 조절이 안 되는지를 파악해야 합니다.

막연히 아이가 스마트폰을 너무 많이 한다고 하면, 아이와 갈등하는 것밖에 다른 방향을 못 찾게 됩니다. 아이가 정말 스마트폰을 많이 하는 건지, 그렇다면 왜 스마트폰을 많이 하는지 꼼꼼하게 확인해보면 훨씬 더 많은 해결 방법을 찾을 수 있습니다.

형제 싸움은 부모 대처가 중요하다

형제는 다 싸우면서 큽니다. 그런데 유난히 싸우는 집이 있습니다. 서로 '죽일 듯이' 싸운다고 표현하는 부모도 있습니다. 이 아이들은 왜 그렇게 격렬하게 싸우는 걸까요?

가만히 보면, 아이들이 싸우는 데는 어떤 패턴이 있습니다. "우리 집 애들은 맨날 싸워"라고 할 때 둘이면 둘인 대로, 셋이면 셋인 대로 싸움이 늘 비슷하게 흘러간다는 거죠. 부부 싸움에도 패턴이 있는 것처럼요. 누군가는 맨날 화나게 하고, 누군가는 맨날 화가 나고…. 이 패턴을 파악하면 싸우는 이유를 이해할 수 있고 다루기도 쉽습니다.

형제 싸움의 세 가지 요인

아이들의 싸움에 영향을 미치는 요인은 다음과 같이 세 가지로 정리할 수 있습니다. 기질의 영향이 약 50퍼센트, 서열이 30퍼센트, 그리고 남은 20퍼센트가 부모가 이 싸움을 다루는 태도입니다.

첫 번째는 기질입니다.

사실 기질이 70퍼센트라고 볼 수도 있습니다. 다툼에는 기질이 큰 영향을 미치고, 그 기질이 서열과 어떻게 맞물렸냐에 따라 패턴이 정해집니다.

기질이 강한 아이는 늘 새로운 걸 찾습니다. 심심하면 못 참습니다. 그러니까 형제한테 가서 집적거리는데, 이건 괴롭히는 게 아니라 놀자는 거죠. 기질이 강한 아이는 자극 추구 성향이 더 높기에, 첫째든 둘째든 싸움의 단초를 더 많이 제공합니다. 예를 들어 큰애가 순하고 둘째가 강한 기질을 타고났다고 해봅시다. 큰애는 앉아서 평화롭게 블록을 가지고 노는데, 둘째가 와서 뺏는 겁니다. 큰애는 순하니 좀 참을 수도 있습니다. 그런데 만약 큰애도 기질이 강하다면 바로 주먹이 날아갑니다. 강한 동생과 강한 형이 만나면 격렬하게 싸웁니다. 어른들이 볼 때 싸움의 양상과 아이들 사이에서의 역동은 아주 다릅니다.

그래서 기질이 강한 아이가 큰애 쪽이라면, 큰애는 매일 혼납니다. 둘째는 맨날 당해서 괴롭고 큰애는 혼나서 괴롭습니다. 큰소리만 나면 엄마가 눈을 부라리면서 큰애를 보고 "너 또 그랬지"라고 하니까요. 그럼 둘째가 더 울거나 큰애의 행동을 과장해서 일러바칩니다. 이렇게 상황이 더 악화되는 거죠.

형제가 둘 다 강한 경우에는 서로 건드립니다. 이때는 부모가 둘을 떨어뜨려놓아야 합니다. 또 둘 다 순한 기질을 가졌다면 잘 안 싸우니까 문제가 없겠죠. 그래서 여기서는 이 두 경우는 제쳐두고 첫째와 둘째 중 하나는 강하고 하나는 약한 기질을 타고난 경우를 이야기해보겠습니다.

일단 기질이 강한 아이는 자주 혼나게 됩니다. 큰애가 강하면 "너는 왜 동생을 괴롭혀"라고 혼냅니다. 그런데 큰애가 약하면 "너는 동생한테도 맞아?"라고 혼낼 때가 있습니다. 속상해서 하는 말이겠지만, 이런 말은 절대로 하지 마세요. 때릴 수 있는 아이는 기질이 순한 아이가 아니겠죠. 순한 애들은 괴롭힘을 당하고 맞더라도 함께 때리는 것을 어려워합니다. 분노보다는 불안에 취약하기 때문입니다. 순한 애들은 위험 회피 성향이 높습니다. 위험한 걸 피하는 게 제일 중요합니다. 이런 아이에게 "너도 때려"라고 하는 건 이중으로 좌절감을 느끼게 만듭니다.

두 번째로 서열입니다.

서열은 힘과 체격의 차이에 따라 정해집니다. 체격이 큰 애가 기질까지 강하면 큰 문제가 되기 쉽습니다. 그럴 의도가 없어도 더 위협적으로 보이니까요. 기질이 강한 경우에는 가해자로 보이는 경우가 훨씬 많습니다. 반대로 동생이 강하고 큰애가 약한 경우라면, 큰애는 유약해 보입니다. 기질이 일차적으로 싸움을 일으키는 데 영향을 미친다면, 서열은 싸움이 어떻게 진행되는지, 그 싸움의 양상이 부모한테 어떻게 비치는지에 영향을 미칩니다.

마지막으로 부모가 싸움을 다루는 태도입니다.

일단 형제간에 싸움이 벌어지면 부모는 무조건 둘을 분리해야 합니다. 형제 싸움은 그냥 둬도 되지 않냐고 묻는 사람이 있는데, 둘이 엉겨 붙는 순간, 혹은 바로 직전에 둘 사이에 끼어들어야 합니다. 누군가를 혼내거나 잘잘못을 가리는 게 아니라 일단 싸움이 번지는 걸 막는 게 중요합니다. 형제가 자주 싸우면 싸울 때마다 달려가는 게 귀찮을 수 있습니다. 그래서 우는 소리가 날 때까지 내버려두거나 멀리서 소리만 지르게 되지요. 그런데 그러면 문제가 커질 수 있습니다.

강한 애들은 부모를 힘들게 합니다. 이런 아이들은 태어나면서부터 일정 나이가 될 때까지는 매일같이 혼이 납니다. 형제는 매일 싸우고, 강한 아이는 매일 혼나는 거예요. 아이는 억울함과 화가 생기고, 공정하지 않다는 느낌을 받게 됩니다. "맨날 나만 혼내", "엄마는 나만 미워해"라고 생각하게 되죠.

어른 입장에서는 항상 잘못하는 아이가 잘못하는 게 눈에 보이니까 혼을 내게 되고, 약한 애를 보호하는 게 당연하다고 말할 겁니다. 하지만 아이들의 싸움은 누군가를 해치려는 게 목적이 아니라 함께 사는 사람들 사이의 관계를 정립하는 패턴이라는 걸 이해해야 합니다. 때리고 괴롭히는 아이가 잘못하지 않았다는 게 아니라, 그냥 그 아이는 그런 기질로 태어났기 때문에 혼나지 않는 날이 드문 어린 시절을 보내게 되는 거지요. 그래서 저는 그런 아이들이 참 안타까워요.

한편, 큰애가 순하고 동생이 강하면 무조건 큰애가 양보하게 하는 경우가 많습니다. 이런 아이들은 평생 '내 것'이 없습니다. '왜 나는 다 양보해야 해'라고 생각하면서 어른이 되고, 어른이 돼서도 나도 모르게 양보합니다. 양보하지 않으면 불편합니다. 이처럼 아이를 항상 똑같이 대하면 성격 형성에 많은 영향을 미칩니다.

형제가 싸우면 부모는 보통 둘을 앉혀놓고 묻죠. "왜 싸워? 누가 먼저 그랬어?"라고요. 그러면 아이들이 서로 상대가 먼저 그랬다고 합니다. 부부 싸움도 마찬가지입니다. 모든 싸움은 상대방이 잘못해서 시작됩니다.

어른 눈으로 보면, 동생이 모르고 오빠 책에 그림을 그렸다든가, 큰애가 냉장고에서 물을 꺼내다가 동생 장난감을 밟았다든가 하는 '단초'가 보일 수 있습니다. 그런데 이런 일 때문에 악의를 가지고 싸우는 애들은 거의 없습니다.

한 아이가 자기 걸 다 먹고 다른 아이 걸 빼앗는 경우라면 중재가 필요합니다. 하지만 본인들도 어떻게 시작했는지 모르는 싸움들은 대부분 잘잘못을 가릴 수가 없습니다. 이럴 때는 잘잘못을 가리지 않는 게 낫습니다. 그냥 아이들을 분리해놓고, 놀고 싶을 때 나오라고 하세요. 아이들은 금방 놀고 싶어져서 나오게 돼 있습니다.

형제 싸움의 잘잘못을 가리는 건 지금 하는 횟수보다 한 80퍼센트는 줄여도 됩니다. 어차피 패턴이니까요. 아이들은 누구나 자기 영역을 건드리면 공격하게 돼 있습니다. 내가 남을 건드리는지도 모르는 채 건드리고요. 그걸 맨날 누가 잘못했니 잘했니를 따지면 두 아이 다 억울하기 마련입니다.

"형제인데, 이렇게 평생 미워하면 어쩌죠?" 이런 걱정을 하는 부모도 있지만, 그런 경우는 실상 많지 않습니다. 특별한 경우, 특히 부모가 싸움을 적당히 중재해주지 못했을 때만 이런 일이 생깁니다. 형제가 일방적으로 심한 폭행을 가했거나 부당한 일을 시킨 경우, 부모에게 고자질해 자주 혼나게 했다면 미워할 수 있겠죠. 그런데 이때 중요한 건 부모가 세심하게 살피고 적당히 중재해주지 않았다는 점입니다. 형제의 우애에는 부모가 다툼을 다루는 방식이 큰 영향을 미친다는 점을 이해하고 현명하게 아이들 싸움에 대처하시기를 바랍니다.

특별한 날 선물은 기대 수준이 핵심이다

5월은 부모들은 피곤한 시기입니다. 어린이날은 어린이들이 즐거워야 하는 날인데, 즐겁기만 한 날이기는 어려운 게 사실이죠. 어린이날, 생일, 크리스마스와 같은 날을 잘 보내려면 세 가지 포인트를 알아두면 됩니다. 바로 선물, 특별한 이벤트, 맛있는 음식이죠. 그런데 이 세 개를 다 하려면 힘듭니다. 그래서 저는 하나나 두 개만 제대로 하자고 마음먹었어요. 특히 이벤트는 생각도 많이 해야 하고 몸도 피곤하다 보니 자주 건너뛰곤 했죠.

만약 이벤트를 해주기 힘든 부모님은 저처럼 해보세요. 우선 절대로 어린이날 얘기를 미리 하면 안 됩니다. 그 사이에 아이가 놀이공원 가고 싶다고 얘기할 수 있으니까요. 아이가 가고 싶다고 하면

"놀이공원은 안 돼"라고 하지 말고 "올해는 못 가겠다" 정도로 얘기하세요. 아이가 감정이 너무 상하지 않게 적당한 이유를 같이 말해주시고요. 당일은 사람이 많아서 힘드니 날짜를 좀 당겨서 가는 것도 방법입니다. 어린이날이 지난 다음에 가면 아이들은 진이 빠지고 실망하거든요.

아이의 기대 수준을 조절하라

심리학자들은 즐거움을 설계하는 법을 가르쳐줍니다. 아주 간단한 공식이니, 알아두는 것도 좋을 것 같아요.

$$\text{즐거운 정도} = \frac{\text{실제 경험치}}{\text{기대 수준}}$$

즐거운 정도는 기대 수준 대비 실제 경험이라는 뜻입니다. 예를 들어 남편이 내 생일을 자주 잊어버리는데, 올해 내 생일을 기억해줬다면 정말 기쁘겠죠. 심지어 선물까지 주면 기쁨이 배가됩니다. 반대로 늘 챙겨줬는데 올해는 잊어버렸다면 실망하고 분노합니다.

우리 기분은 기대 수준에 맞춰져 있습니다. 기대 수준은 '이랬으면 좋겠다'가 아니라 '예측'입니다. 남편이 올해는 어떻게 할 거라는 예측치가 있는데, 그것에 비해 더 좋으면 더 기쁘고 덜 좋으면 덜 기쁘다는 거죠.

상대방의 기대 수준을 낮추라는 게 아니라 기대 수준을 알아야 한다는 이야깁니다. 내가 뭘 기대하는지를 알아야 해요. 명절에 시댁에 갈 때, 지난번에 얼마 드렸는데 이번에 덜 드리면 서운해할 것 같고, 너무 많이 드리면 다음에도 또 그렇게 기대할 것 같아 고민해 본 적 없나요?

어린이날도 마찬가집니다. 아이들이 어릴수록 부모가 아이의 기대 수준을 적당한 수준으로 조절해줄 수 있습니다. "뭐 가지고 싶어?"라고 하면 아이들은 선택지가 하나 생겼다고 생각합니다. 머릿속에 온갖 것을 다 떠올립니다. 엄마가 얘기를 먼저 꺼낼 필요는 없습니다. 모른 척하세요. 아이가 "엄마, 어린이날 뭐 해줄 거야?"라고 물으면, 그때 반응하면 됩니다. 엄마가 어린이날에 대해 깊이 생각하지 않는다는 인상을 주면 아이의 기대 수준이 낮아집니다.

기껏 기대하게 했다가 아이가 뭔가 잘못했을 때 "너, 어린이날 그거 안 해줄 거야"라고 말하는 부모가 있습니다. 그러면 아이는 실망과 분노를 느낍니다.

엄마는 연기도 잘해야 합니다. 아이들을 속이라는 게 아니에요. 아이들의 감정은 엄마에 따라 계속 움직이기 때문에 상황에 맞게 감정을 표현해야 한다는 겁니다.

아이의 기쁨은 비용에 비례하지 않는다

선물을 준다면 선물이 뭔지 모르는 게 좋을 때도 있고 아는 게 좋을 때도 있습니다. 아이에게 직접 고르게 하려면 적당한 가격대를 미리 알려줘야 합니다. 그러지 않으면 기껏 돈을 쓰고도 원망을 들을 수 있어요.

아이들이 조금 크면 돈으로 주는 걸 훨씬 더 좋아합니다. 3만 원에서 5만 원 사이의 선물을 고르라고 했다면, 3만 5천 원짜리를 고르면 뭔가 좀 아까운 것 같고 5만 원짜리는 마음에 안 들 수 있으니까요.

기대 수준이 과도하게 높아지면 선물의 효과는 떨어집니다. 좀 임박해서 말하는 게 좋습니다. 그리고 아이가 선물을 정하지 않았다면 이런 방법도 있습니다. 문방구 같은 데를 데려가는 겁니다. 저렴하지만 신기한 게 많은 곳이죠. "여기서 마음껏 세 개 골라"나 "다 합쳐서 만 원 안에 마음껏 골라"라고 하면 무한정이라는 느낌이 들어서 좋아합니다.

기쁨은 비용과는 상관없다는 이야깁니다. 기대 수준을 잘 세팅하면 기쁨은 얼마든지 줄 수 있습니다. 평소에 못 하는 걸 하게 해줄 수도 있습니다. 5일부터 8일까지 하루에 한 시간씩 게임 더 하고 다른 건 조르지 않기로 정하면, 그날을 손꼽아 기다리면서 하루하루가 즐거울 거예요.

맛있는 것도 꼭 비싼 음식이어야 하는 건 아닙니다. 아이한테는 불량식품이 최고일 수 있습니다. 예를 들어 자장면과 탕수육에 평소 못 먹게 했던 '콜라'를 추가한다거나 평소에 못 먹게 했던 라면을 줄 수도 있겠죠.

기대 수준을 조정하고, 실제 경험치는 아이에게 맞춰주세요. 그럼 그 긴 날을 평화롭게 보낼 수 있습니다. 상담하면서 이런 얘기를 하다 보면 게임을 마음껏 하게 해주면 애가 제일 좋아할 거라고 말하는 부모들이 많더라고요. 이런 경우 평소보다 많이 허용해주고 아이에게 '이 정도 하려면 어린이날 정도는 돼야 해'라는 메시지를 간접적으로 전해줄 수도 있습니다.

4부

초등학교, 꼭 익혀야 할 공부감각

아이 공부,
엄마의 열혈 관리가 답은 아니다

아이가 초등학교에 입학하면 본격적으로 학습이 시작됩니다. 아이의 능력이 숫자로 나타난다는 생각에 엄마의 마음은 초조해집니다. 그러면 엄마들은 예민해집니다. 학교 공부를 잘 따라가는지 걱정도 되고, 자연스럽게 다른 아이들과 비교하게 됩니다.

'초등학교 때부터 공부 습관을 잡아야 한다던데, 아이를 잡고 공부를 시켜야 하나?'

많은 엄마들이 이때부터 하는 고민입니다. 초등학생 아이의 공부에서 엄마의 역할은 뭘까요?

제 딸이 수능을 보고 점수가 나온 날 제게 한 이야기가 있습니다.

"엄마가 나를 좀 잡아서 시켰으면 내가 좀 더 점수를 잘 받았을 텐데."

꿈에도 생각하지 못한 말이었습니다. 내가 애를 잡았으면 시험을 더 잘 봤을까요? 잡는다는 건 애가 싫어하거나 괴로워해도 억지로 시키는 거잖아요. 이건 안 한 게 아니라 못 한 겁니다. 선택의 문제가 아니라 능력의 문제인 거죠.

제가 평소 훈육할 때 단호함을 강조하기 때문에 이것을 공부시키는 데도 적용하는 엄마들이 있습니다. 단호함을 엄격함으로 바꾸어 학습에 적용하는 겁니다. 하지만 둘은 명백히 다릅니다.

훈육은 세상에 나갔을 때 필요한 기술과 태도를 가르치는 것입니다. 초등학교 1학년이라면 시간 맞춰 등교하기, 계단에서 장난치지 않기, 선생님께 인사하기와 같은 것들을 배워야 학교생활을 원만하게 할 수 있습니다. 이런 규칙을 가장 효과적으로 가르치는 방법은 집에서도 같은 규칙을 정해 따르게 하는 것입니다. 기본 예절을 지키고, 신체가 다칠 수 있는 행동을 하면 안 된다는 걸 가르쳐야 한다는 걸 모르는 부모는 없을 겁니다.

문제는 규칙이 얼마나 몸에 배었느냐 하는 건데, 단호함은 지시를 행동으로 옮기도록 하는 정도를 의미하기 때문에 공부와는 관련이 없습니다. 예를 들어 마트에서 뛰면 안 된다고 했는데 아이가 뛰었다고 가정해볼게요. 엄마는 미리 규칙을 정하고 마트에 갈 수 있습니다. 엄마가 장을 볼 때 뛰지 않으면 오는 길에 간식을 사주지만, 뛰면 간식을 안 사주고 그날은 집에서도 간식을 주지 않는다고 말하는 겁니다. 단호한 엄마는 아이의 행동에 대해 분명하게 규칙을 적용합니다. 미리 규칙을 정하고도 적용하지 않거나 기분에 따라 적용할 때도 있고 아닐 때도 있다면 단호함이 부족한 것입니다. 이 때 규칙은 아이의 나이에 맞아야 하고, 규칙을 적용할 때는 가급적 화를 내지 않고 침착하게 하는 게 좋습니다.

그런데 이런 개념을 공부에 적용하는 건 다른 이야기입니다. 공부의 양이나 수준은 엄마가 정할 수 있는 것이므로, 보편적인 기준이 될 수는 없습니다. 또 '엄격하게'라는 말은 엄하고 철저하다는 의미입니다. 결과에 초점을 두는 '단호함'과는 달리 과정에서 인정사정 보지 않는 것을 정당화해줍니다.

학교 숙제는 반드시 하도록 해야 합니다. 과제가 주어졌을 때 지침에 맞게 완수하고 정해진 시간 내에 제출하는 건 아이들이 사회생활에서 배워야 할 중요한 규범이기 때문이죠.

반면 사적이고 주관적인 기준에 따라 이루어지는 사교육은 다른 영역입니다. 평소 훈육할 때와 같은 기준을 적용할 수도 있지만, 반드시 그래야 할 필요는 없습니다. 잘못하면 부작용이 생길 가능성도 큽니다. 이때 엄마의 태도에 대해서는 조심스러운 접근이 필요합니다.

초등학생의 학습, 어디까지 해야 할까?

먼저 아이의 학습이라는 말을 좀 명확히 할 필요가 있어 보입니다. 아이가 초등학교 3학년이라고 하면, 부모는 다음과 같은 기준으로 생각할 겁니다.

1. 3학년에서 배워야 할 걸 제대로 배우고 있는가?
2. 3학년 중에서도 상위권인가?

그 학년에 알아야 할 걸 습득하기만 하면 될까요, 아니면 시험을 봤을 때 좋은 점수를 받아야 할까요? 많은 부모가 "아이가 공부를 잘하면 좋지"라고 이야기합니다. 아이가 좀 잘한다 싶으면 "기왕이면 잘하면 좋지"라고 하고, 아이가 잘 못한다면 "내가 제대로 못해서 그런가" 하는 생각이 듭니다.

'잘하면 좋지'라는 게 정확히 어떤 수준인가요? 교과 내용을 알고 있지만 문제를 틀릴 수도 있습니다. 시험 문제는 변별력을 위해 꼬아놓기도 하고, 아이가 긴장해서 실수를 할 수도 있죠. 아직 초등학생이라면 점수가 몇 점인지, 몇 개나 틀렸는지는 중요하지 않습니다.

저는 학기 중반이나 끝날 무렵에 교과서 목차 중 몇 개를 골라 개념을 물어봤습니다. 전반적인 개념을 이해하고 있는 것 같으면 세

부적인 것 중 중요한 부분을 물어봤습니다. 저학년일수록 전체적인 개념을 파악하는 게 중요하고, 고학년이 될수록 특정 단원에서 중요한 개념이 무엇인지도 알아야 하니까요. 대답을 바로 못 하더라도 개념을 상기시켜주면 "아, 그거!"라고 답하는 정도면 그 학년 교과를 이해하는 데 무리가 없습니다.

해마다 수능이 끝나고 나오는 뉴스에 항상 등장하는 불가해한 말이 있죠. "학교에서 충실하게 공부했으면 다 풀 수 있다"라는 말입니다. 이 말대로라면 수능에서 만점을 받지 못한 아이는 모두 학교 공부가 부족하다는 거잖아요. 우리 아이는 공부를 안 했기 때문에 만점을 못 받았다는 걸까요? 사실 논리적으로 말이 안 되는데, 우리는 자신도 모르게 이 말을 받아들여 아이들을 혼내게 됩니다.

부족한 부분을 채워주는 것으로 충분하다

미취학 시기부터 아이의 공부 스케줄을 짜고 그걸 다 관리하는 부모들이 있습니다. 주변에 그런 사람을 보면 내가 아이 공부에 너무 무관심한 건 아닌가 싶어 걱정하고 불안해하기도 하고요. 이때 대다수 사람들이 오해하는 지점이 있습니다. 깐깐하게 스케줄을 잡고 엄격하게 관리하는 건 아무나 할 수 있는 일이 아닙니다. 성적이 전부라는 신념이 있어야 하고, 아이의 사정 같은 건 봐주지 않고 무자비하게 몰아붙이는 것도 필요합니다. 그리고 자기 인생을 걸어야 하죠.

그런 열혈관리형은 내가 하고 싶다고 되는 게 아닙니다. 그리고 그렇게 하는 부모에게 그게 나쁘다고 말하는 것도 소용없는 일입니다. 물론 저는 부작용을 너무 많이 봤기 때문에 권하지는 않습니다. 부모가 원하는 걸 이루기 위해 아이를 다그치는 그런 부모들은 대체로 '내가 우리 애를 이렇게 만들 거야'라는 자신감에 차 있고, 아이도 결국은 그런 부모를 이해하고 고마워할 거라고 생각합니다.

인간은 누구나 불확실한 것에 대한 두려움을 가지고 있습니다. 그래서 이 불확실성을 제거하기 위해 애쓰죠. 내가 뭐라도 하고 있으니까 좋은 결과가 올 거라고 믿으면서 두려움을 떨치는 겁니다.

하지만 똑같이 시켜도 아이마다 결과는 다릅니다. 제 친구 중에도 소위 '대치동 열혈 엄마'가 있어요. 두 아이를 똑같이 공부시켰는데, 첫째는 좋은 대학에 갔지만 둘째는 그렇지 못했죠.

인터넷 강의만 들으면서 점수 좋은 애들도 많습니다. 학원 가면 답답하다고 혼자서 하는 게 낫다는 애들도 있고요. 아이가 앉아서 공부하는 습관이 되어 있다면, 엄마의 역할은 아이가 잘하는 부분과 못하는 부분을 파악해 부족한 부분을 보충해주는 걸로 충분합니다. 그다음에는 아이가 할 나름입니다.

사실 아이의 성적이 상위권에 들게 하는 데 엄마의 역할은 제한적입니다. 다만 나이에 맞게 어느 정도 학업을 소화하고 있는지는 알고 있을 필요가 있습니다. 지금 배우는 단계 다음의 교과 내용을 배울 준비가 되어 있는지를 아이 스스로는 모르기 때문입니다.

아이를 학교에 보내지 않고 엄마가 집에서 직접 가르치는 홈스쿨링도 있습니다. 이런 경우 두 유형이 있습니다. 하나는 아이가 좀 독특해서 획일적인 학교 공부가 맞지 않아 직접 가르치는 경우와, 부모 자신이 아이를 잘 알기 때문에 가장 잘 가르칠 수 있다고 생각하는 경우입니다.

전자는 아이 특성상 필요해서 하는 것이니 괜찮다고 봅니다. 그런데 그런 경우는 매우 적습니다. 후자는 정서적으로 좋지 않다고 생각합니다. 엄마가 선생님이 되면 아이는 어디서도 휴식을 취할 수 없게 되기 때문입니다.

실행 기능에 주의를 기울이라
_꼭 필요한 공부감각 1

"우리 애는 머리는 좋은데 공부를 안 해요."

주변에서 이런 얘기 많이 들어보셨을 겁니다. 이건 부모들이 자기를 위로하려고 하는 말일까요, 아니면 실제로 근거가 있는 말일까요? 심리학자가 보기에는 근거가 있는 말입니다.

머리가 좋다는 걸 우리는 보통 지능이 높다고 합니다. 그럼 노력은 뭘까요? 흔히 노력을 의지라고 생각하는데, 사실 노력이란 '실행 기능'이라는 인지능력입니다. 그래서 머리는 좋은데 노력을 안 한다는 건 '지능은 높은데 실행 기능이 낮다'는 뜻입니다.

제가 아는 어느 초등학생은 책을 많이 읽는 아이였어요. 그 아이 학급에서는 책을 한 권씩 읽으면 스티커를 주고, 다 모으면 상을 줬습니다. 언뜻 생각하기에 이 아이는 금방 스티커를 다 붙이고 상을 받을 것 같죠. 그런데 이 아이는 받은 스티커를 잃어버리거나 가방 구석에 처박아놓아서 결국 그 반에서 제일 나중에 상을 받았어요. 이해는 빠른데 시험만 치면 이상하게 점수가 안 나오는 경우도 그래요. 능력은 있는데 좀 허술하고 결과물이 안 좋은 경우입니다.

노력의 실체는 실행 기능

실행 기능은 인간이 가진 인지능력 중 아주 중요한 기능입니다. 실행 기능의 단계는 크게 3단계로 볼 수 있습니다.

1단계: 계획을 세운다.
2단계: 시작한다.
3단계: 끝까지 한다.

계획하고, 시작하고, 끝까지 하는 것, 이것을 뭉뚱그려 실행 기능이라고 합니다.

앞의 초등학생은 상이 무척 받고 싶었어요. 그래서 책을 열심히 읽었죠. 계획을 세우고 시작하는 것까지는 된 겁니다. 그런데 스티커를 모으는 게 잘 안 된 거예요. 이처럼 세 단계의 어디에선가 문제가 생기면 결과물은 영향을 받게 됩니다.

아이에 따라 계획을 못 세우는 아이도 있고, 시작을 못 하는 아이도 있습니다. 공부를 하라고 했는데 책상을 정리하다가 게임을 하거나 동화책을 읽으면서 시간을 보내는 거죠. 시작은 했는데 끝까지 못 하는 아이도 있어요. 금방 산만해져서 목표치를 달성하지 못하는 겁니다.

사실 이건 어른들도 마찬가지입니다. 처음으로 잡채를 만든다고 해볼까요? 먼저 레시피를 보면서 계획을 세우겠죠. 그런 다음 만들기 시작할 텐데, '계획을 세운다'에서 '시작한다' 사이에는 '결정을 한다'가 있어요. 재료를 뭘 넣을지, 당면은 데쳐서 넣을지 그냥 불려서 넣을지를 결정하는 거죠.

실행 기능은 새로운 것을 시작할 때 가장 많이 요구됩니다. 이미 아는 걸 할 때는 거의 요구되지 않습니다. 맨날 만드는 된장찌개를 또 한다면 굳이 계획하지도 않고 시작하고 끝내는 게 어렵지 않잖아요.

실행 기능의 핵심은 작업기억

실행 기능을 위해서는 여러 가지 능력이 필요한데, 가장 중요한 게 작업기억입니다. 정보를 단기적으로 기억하고 있다가 계획하고 순서를 지어서 수행하는 능력을 인지심리학에서 작업기억이라고 합니다. 예를 들어 오늘 저녁 밥상을 차리기 위해 밥을 하면서 반찬을 준비하려면 필요한 게 작업기억입니다.

그래서 신경심리 검사 중에 작업기억 검사는 이렇게 합니다.

"시계를 풀어서 저에게 주세요. 가실 때 시계를 돌려달라고 하세요."

그냥 잊고 가면 작업기억이 약한 거고, 찾아 가면 작업기억이 좋은 겁니다. 그래서 작업기억이 부족할 때는 실행에 많은 어려움이 생깁니다.

여러분도 우산을 어디에 두고 잊고 온다거나 하는 일이 많지 않나요? 실행 기능에는 에너지가 많이 듭니다. 별거 아닌 것 같지만 그걸 계속 기억하고 있어야 하거든요.

우리 아이의 실행 기능은 어느 정도인지 어떻게 알 수 있을까요? 숙제를 엄마가 옆에서 붙들고 시키면 잘하는데 그렇지 않고 잘 못한다면 실행 능력이 떨어진다고 볼 수 있습니다. 분명 할 수 있는 능력이 있어요. 그림을 잘 그리는데 그냥 내버려두면 그리기 숙제를 안 하는 아이들이 많은데, 이 아이들은 그림을 못 그리는 게 아니라 혼자 계획하고 시작하고 끝까지 하는 걸 못 하는 겁니다.

아마 많은 부모가 "바로 우리 아이 얘기예요!"라고 할 것 같은데요. 그럴 수밖에 없는 게 실행 기능은 고등학생쯤 되어야 완성됩니다. 그러니까 정도의 차이는 있지만 아이들은 누구나 실행 기능이

미숙합니다. 그중에서도 훨씬 더 심한 경우를 실행 기능에 문제가 있다고 하는 거고요. 대부분의 평범한 아이는 실행 기능을 발휘해야 할 때 어느 정도는 엄마가 도와줘야 합니다.

그림을 그린다면 색연필로 그릴지, 크레파스로 그릴지 결정하지 못하기도 해요. 이건 계획을 세우는 것에 속합니다. 이때 엄마가 "너 좋은 걸 해"라고 계속 그냥 두면 의사 결정 과정에 묶여 진행을 못 합니다. 저학년이거나 너무 시간을 오래 끌면 엄마가 그냥 정해주는 게 낫습니다.

그다음에는 무슨 그림을 그릴까 또 고민합니다. 저학년이라면 그냥 뭘 그리라고 얘기해주세요. 이런 정도의 숙제는 엄마가 빨리빨리 넘어갈 수 있게 도와줘야 합니다. 왜냐하면 그리는 능력의 문제가 아니라 실행 기능을 연속해서 발휘해야 하기 때문입니다.

끝까지 하는 것도 부모가 도와줘야 합니다. 숙제를 대신 해주라는 얘기가 아니에요. 숙제를 하는 과정에서 애들이 비교적 수월하게 할 수 있는 게 있고 어려운 게 있는데, 어려운 단계에서 너무 진을 빼지 않게 도와주는 겁니다. 시작이 어려운 아이라면 목표나 방법을 정하도록 도와줘서 시작 시간을 줄여주는 게 좋습니다. 시작하는 데 그렇게 많은 시간이 걸리지 않는다면, 혼자 정해보게 격려해주면 됩니다.

'그림을 뭘 그릴까?'는 주관식 문제잖아요. 그걸 엄마가 "네가 좋아하는 잠자리, 나비, 사마귀, 벌 중에서 골라봐"라고 선택의 폭을 줄여주는 겁니다. 넷 중에서 고르는 것 정도는 실행 기능을 아주 많이 요구하지는 않거든요.

제가 아이들의 실행 기능을 검사할 때도 비슷한 방법을 씁니다. 먼저 주관식으로 물어봅니다. 예를 들면 "섬이 뭐야?"라고 물어봤어요. 아이가 알기는 아는데 설명하지 못하면 "섬이 어디에 있는 거야?"라고 조금 더 구체적으로 물어봅니다. 그래도 설명을 못 하면 "섬이 땅이야?"라고 물어봅니다. 점점 더 쉽고 좁은 범위의 질문을 하는 거예요. 사지선다형보다 OX로 답할 수 있는 문제가 더 쉽거든요.

아이가 주의를 집중해서 끝까지 하도록 도와줄 방법이 있을까요? 저학년 아이라면 초반에는 엄마가 옆에 앉아 있는 게 필요합니다. 아이가 산만해지면 주의를 환기시켜주는 거죠. 저학년이면 20분 정도 집중하고 10~20분은 쉬어줘야 합니다. 그래서 숙제를 시킬 때 너무 과한 기대를 하지 않는 게 중요합니다.

지능에 비해 실행 기능이 떨어지면 실행 기능을 별도로 가르쳐야 합니다. 이때는 아이가 뭘 하는지가 중요한 게 아니라 계획을 세우고, 시작하고, 끝을 맺는 게 중요합니다.

'계획을 세운다. 시작한다. 끝까지 한다.'

이걸 종이에 써서 벽에다 붙여놔도 좋습니다. 이 틀을 끊임없이 반복하면 몸에 배게 되거든요. 이 과정을 단계별로 연습시키지 않은 채 왜 안 하냐고 윽박지르기만 하면 똑같은 걸 하면서도 실행 기능을 배울 기회가 없습니다.

실행 기능이 좋아지면 지능을 훨씬 더 잘 발휘할 수 있습니다. 그리고 학습뿐 아니라 일상생활과 삶의 모든 영역에 실행 기능은 굉장히 중요합니다. 그러니 아이의 실행 기능을 차근차근 훈련해주세요.

주의 집중력을 키워주라
_꼭 필요한 공부감각 2

주의 집중력이라고 하면 보통 주의력결핍과잉행동장애 아이들을 떠올리게 됩니다. 주의력결핍과잉행동장애 아이들은 또래에 비해, 혹은 자기 지능에 비해서도 집중력이 낮아 학습을 따라가거나 과제를 하거나 사회성을 발휘하는 데 어려움이 있습니다.

집중력에 문제가 없는 보통 아이들은 어떨까요? 그런 아이들은 선생님이 뭘 시키면 막힘 없이 따라가고, 깊이 있게 생각하고, 과제를 시키면 한 번에 해낼까요? 그렇지 않습니다.

모든 아이는 부모가 보기에 산만하고 집중력이 떨어져 보입니다. 그 이유는 주의 집중력이라는 기능이 태어날 때는 거의 제로에서 시작해 차츰 발달해가는 기능이기 때문입니다. 그래서 유치원에 있는 아이들은 10~20분만 가만히 앉아 있으면 기특하다고 합니다. 어른이 무슨 얘기를 할 때 눈을 똘망똘망하게 뜨고 쳐다보면 '그 녀석 총명하다'고 합니다. 그만큼 하나에 집중해서 긴 시간을 거기에만 몰입하는 능력은 굉장히 고급한 기능이기 때문에 어렸을 때 완성되지 않아요.

그렇다면 주의 집중력은 언제 완성될까요? 만 18세가 되어야 완성됩니다. 그러니까 고등학생이 될 때까지는 부모가 보기에 어떤 아이도 집중을 잘하는 것처럼 보이지 않는다는 거예요. 이런 사실을 모르면 '우리 아이가 노력만 하면 되는데'라며 안타까워하거나 화를 내게 됩니다. 그러나 아이한테 이런 걸 지적해봤자 아이들은 뇌 자체가 긴 시간 집중할 만큼 발달하지 않았기 때문에 소용없습니다. 아이들의 주의 집중력에 대해 판단할 때, 그리고 학습을 시킬 때는 이런 발달 과정을 먼저 이해해야 합니다.

아이의 집중력 수준에 맞춰 학습을 도와주라

주의 집중력은 뇌가 발달해야 성장하는 것이지만, 집에서 엄마가 조금 신경을 써주면 이 발달이 조금 더 빨라질 수 있습니다. 그리고 엄마가 하는 행동이나 학습 분위기도 영향을 많이 미칩니다.

저학년 아이들은 쉽게 산만해집니다. 글을 한두 줄 읽다가 딴 생각을 할 수도 있고, 수학 문제는 단순 연산이 아니면 힘들어합니다. 그래서 저학년일수록 엄마가 관리 감독을 해야 합니다. 그런데 이때는 과제를 좀 빨리하는 게 필요해요. 왜냐하면 시간이 갈수록 피로도 때문에 주의 집중력이 떨어지거든요. 20~30분 정도면 할 수 있는 분량을 시켜야 합니다. 집중력이 좀 더 짧은 아이라면 15분에 할 수 있는 양을 주세요. 전체 양은 아이에 따라서 다를 수 있습니다.

아이가 한 번에 집중할 수 있는 것보다 양이 많으면 쪼개서 주는 게 좋습니다. 주의 집중력이 소진됐는데 더 하라고 하면 효율성이 떨어지거든요. 20~30분 하고 좀 쉬었다가, 아까보다 좀 더 적은 양을 다시 시키는 겁니다.

학습지를 할 때도 그렇습니다. 매일 하라고 하지만 사실 아이들이 제일 힘들어하는 게 매일 하는 겁니다. 아이가 덜 피곤한 날, 일과가 좀 적은 날에 하도록 조정하는 게 더 낫습니다. 사실 저는 학습지를 매일 푸는 건 학습에 큰 도움이 되는 것 같진 않아요. 그냥 그 양을 일주일 안에 적절한 시간에 배치해서 푸는 게 훨씬 더 낫다고 생각합니다. 피곤한 날과 그렇지 않은 날 아이의 주의 집중력이 다르기 때문입니다. 아이의 상태는 엄마가 제일 잘 아니까 좀 덜 피곤한 날 어려운 걸 시키고, 아이가 피곤해하면 쉬운 걸 시키는 식의 조절이 도움이 됩니다.

아이가 집중을 못 해서 멍때리거나 지우개를 부수거나 연필을 깨물거나 하면 옆에서 계속 "여기 봐야지. 다시 해봐" 하고 환기해줘야 합니다. 단, 감정이 생길 정도면 안 돼요. "야, 너 뭐 해!"라고 소리를 질러서 아이가 깜짝 놀라면, 흥분한 걸 진정시키느라 아이는 또 정신적 에너지를 소비합니다. 길게 말하는 것도 집중력을 흩트립니다. "너 그거 오늘 다 할 수 있겠어? 내일 학습지 선생님 오시잖아" 이렇게 길게 잔소리를 하면 아이는 또 그 시간만큼 에너지가 빠져나갑니다. "자, 얼른 하자"라든지 "조금만 더"라고 짧게 말해서 아이가 "아, 해야지" 하는 정도만 주의를 환기해주세요.

그리고 숙제를 하는 중에 다른 숙제 얘기를 하는 부모도 있어요. 아이가 수학 숙제를 하고 있는데 "너 영어도 안 했잖아"라고 하면 아이는 머릿속이 복잡해집니다. 다른 데로 생각이 막 흘러가는 거죠. 그래서 수학을 할 때는 수학에 대한 얘기만 하고, 끝난 다음에 다른 얘기를 하세요.

학습하는 시간과 공간을 정해두라

학습이나 숙제를 할 때는 시간과 공간을 일관성 있게 정해놓는 게 좋습니다. 이를테면 저녁 먹기 전이나 저녁 먹은 후 한다는 식으로요. 계속 이런 일정을 반복하면 그 시간대가 되면 아이들이 "아, 숙제해야지" 하고 각성이 됩니다.

공간도 중요합니다. 매일 공부하던 익숙한 공간에서 해야 조금 더 빠르게, 조금 덜 힘들게 준비를 끝냅니다. 이게 습관이라는 거죠. 그리고 공부할 때는 책상 위에 많은 게 없어야 해요. 애들은 산만하기 때문에 숙제하다가 뭔가 보이면 또 그걸 한번 만져야 하거든요.

또한 아이가 문제를 풀다가 잘 모르겠다고 하면 감정을 싣지 마세요. "이거 아까 설명해줬잖아"라든지 "또 몰라?"라든지, 말에 감정이 실리면 아이의 감정도 흔들립니다. 부모의 감정이 아이의 감정을 불러일으킨다는 사실을 명심해야 합니다.

그래서 절대로 비난하듯이 얘기하면 안 돼요. 그러면 아이들은 내용을 배우는 게 아니라 비난에 감정적으로 반응합니다. 그러면 공부와 숙제 자체를 싫어하게 됩니다.

그래서 짧고 명료하고 구체적으로 가르쳐주는 게 필요합니다. 수학 같은 경우 여러 단계가 담긴 문제는 좀 나눠서 설명해줘야 해요. 도저히 이해를 못 한다면 조금 더 집중이 잘 되는 시간에 다시 해보거나 엄마가 임의로 문제를 좀 쉽게 바꿔서 풀게 해보세요. 그러면 아이가 어느 정도 이해하고 있는지, 이해가 안 되는 건지 집중력이 떨어진 건지 알 수 있습니다.

숙제는 질질 끌지 않고 짧은 시간에 확 하고 빨리 끝내줘야 합니다. "오늘 좀 빨리 끝냈네. 다른 것도 좀 하자"라고 하면 안 되고요. 아이들은 집중했더니 빨리 끝나더라는 경험을 해야 집중해서 빨리 하려고 스스로 노력하거든요.

아이가 숙제를 빨리 끝냈다면 칭찬해주세요. 학습 습관에 제일 중요한 것은 바로 칭찬 단계입니다. 잘했으니 좋은 일이 생기는구나 하는 느낌을 주는 거죠. 좋아하는 간식을 주거나 좋아하는 놀이를 더 할 수 있게 해주는 것도 좋습니다. 그러면 아이들은 빨리 시작해서 빨리 끝내면 놀 시간도 많고 칭찬도 받는다는 걸 알게 됩니다. 자기도 모르는 사이에 과제를 시작하면 바로 몰입하면서 정해진 시간 내에 끝낼 수 있게 되죠.

일정 시간 동안 주의를 집중하는 게 되지 않으면 어떤 종류의 학습도 되지 않습니다. 그러니 '우리 아이가 수학을 배워야 하는데, 영어를 공부해야 하는데…'라고 생각하지 말고 아이가 이걸 할 때 얼마나 집중하는지, 어떻게 했을 때 가장 집중하는지에 중점을 두어야 합니다. 그래서 집중하는 시간을 조금씩 늘려나가는 거죠.

만약 어떤 과목의 숙제를 계속해서 못 한다면 아이가 집중할 수 있는 정도에 비해 너무 어렵거나 양이 많은 것입니다. 아이가 거기에 질려서 꼴도 보기 싫어질 때까지 놔두지 말고 엄마가 항상 세심하게 양과 질을 조정할 필요가 있습니다.

기본적으로 집중은 힘듭니다. 어른도 힘든데 애들은 오죽하겠어요. 그러니까 "너 왜 이렇게 집중을 못 해"라는 마음보다는 "그래 집중하기 힘들지. 이렇게 한번 해보자"라는 마음으로 시도해보세요.

주의 전환 능력을 점검하라
_꼭 필요한 공부감각 3

초등학교 2학년 아이를 둔 엄마는 요즘 고민이 많습니다. 아이가 1학년 때 약간의 문제를 보이기는 했지만 어려서 그렇겠거니 했는데 2학년이 되어서 더욱 다양한 문제를 보이고 있어서입니다. 지나치게 컴퓨터 게임에 집착하는 모습을 보이기도 합니다. 수업 시간에 아무것도 하지 않고 멍하게 앉아 있거나, 선생님이 뭔가를 시켜도 아무 반응을 하지 않고 자기가 하던 일을 계속한다는 말을 벌써 몇 번째 들었습니다.

근무 여건상 평일에는 아이에게 할애할 시간을 내기가 쉽지 않은 워킹맘이라 더욱 마음이 괴롭습니다. 어떻게 하면 어려움을 겪고 있는 아이에게 도움을 줄 수 있을까요?

일하는 엄마는 일을 한다는 자체만으로 아이를 잘 돌보지 못한다는 기본적인 자책감이 있습니다. 그런데 아이가 잘 지내지 못한다는 말을 들으면 다 내 탓이라고 생각하게 되죠. 하지만 그럴 때일수록 좀 더 객관적인 시각을 갖고 문제의 핵심을 봐야 합니다.

아이가 보이는 문제들이 엄마가 워킹맘이라서 그러는 건지, 아니면 그것과는 무관한 문제인지 좀 짚어볼게요.

먼저 지나치게 컴퓨터 게임을 많이 한다는 점입니다. 컴퓨터 게임은 아이들에게는 재미있는 것입니다. 제재하지 않으면 무조건 많이 합니다. 다른 것도 마찬가집니다. 간식을 얼마나 먹을지, 얼마짜리 장난감을 살지, 부모가 한계를 정해주지 않으면 아이들은 한도 끝도 없이 원하게 마련입니다. 또 자기 통제력이나 사회적 의무가 없기 때문에 혼자 두면 하루 종일 컴퓨터 게임을 하는 건 흔히 볼 수 있는 모습입니다. 아이를 혼자 집에 있게 했다면 지나치게 컴퓨터 게임을 많이 하는 건 자연스럽고 당연한 행동이라고 할 수 있습니다.

그런데 학교에서도 문제를 보인다면 이건 좀 다른 차원일 수 있어요. 학교에서 멍하게 보내는 시간이 많고 지시에 따르지 않는다는 게 지적 사항이라면 이건 엄마와는 상관이 없습니다. 그냥 아이한테 이런 문제가 있는 거죠.

예를 들어 남편이 나한테 얘기할 때 항상 강압적이고 무시하는 말투를 쓴다고 해봅시다. 나는 당연히 기분이 나쁩니다. 이게 반복되면 남편 인격에 문제가 있다고 말할 수 있겠죠. 그런데 남편이 밖에서 다른 사람들한테는 안 그러면서 나한테만 그런다면 총체적인 인격 문제로 몰아가기는 어려울 겁니다. 부부라는 관계가 어떤 건지에 대한 잘못된 인식을 갖고 있는 거지요. 문제라는 건 어떤 상황에서나 비슷한 수준으로 잘못된 행동을 반복적으로 보일 때 쓸 수 있는 말입니다. 특정 상황이나 특정 대상한테만 그런 행동을 보인다면 그건 관계의 문제라고 봐야 합니다.

이 아이는 컴퓨터 게임을 많이 하는 게 문제가 아니라 학교에서의 행동이 문제입니다. 선생님이 보기에 다른 애에 비해 멍하고, 선생님이 지시할 때 잘 따르지 못한다면, 그 행동이 바로 문제입니다.

좋아하는 일을 푹 빠져서 한다고 집중력이 좋은 건 아니다

아이가 보이는 행동에서 가장 중요하게 보아야 할 지점은 주의력 문제입니다. 주의력에는 여러 가지 종류가 있습니다. 먼저 주의력은 특정 자극에 주의를 돌리는 능력입니다. 이를테면 제가 이 글을 쓰다가 밖에서 누가 부르면 그쪽으로 주의를 돌려야 되겠죠. 이런 식으로 필요할 때는 주의를 기울여야 할 대상으로 주의를 돌릴 수 있어야 합니다.

아이가 선생님의 지시를 잘 따르지 않는 건 싫어서 그러는 게 아니라, 선생님이 다른 활동을 하도록 지시할 때 그쪽으로 주의가 돌아가지 않는 겁니다. 이런 걸 '주의 전환 능력'이라고 합니다.

그런데 주의 집중력에 대해 얘기하면 "우리 애는 유튜브는 진짜 집중해서 오래 봐요"라든지 "자기가 좋아하는 만화책을 볼 때는 누가 불러도 몰라요"라는 말을 흔히 합니다. 이것도 주의 집중력이라고 할 수 있을까요?

주의 집중력이라는 건 내가 피곤하거나 기분이 좀 가라앉았거나 하는 일이 좀 지루하더라도 집중하는 능력을 가리킵니다. 정신적인 에너지를 많이 들여서 견디는 걸 주의 집중력이라고 생각하면 돼요. 게임을 하거나 드라마를 보거나 하는 것들은 힘들고 지루한데도 참고 하는 게 아닙니다.

자기가 좋아하는 걸 집중해서 오래 하는 건 주의 집중력과는 별로 상관이 없습니다. 오히려 지나치게 몰입해서 다른 걸 못 하면 주의 전환 능력에 문제가 있을 수 있습니다. 전화를 받다가도 커피포트에 물이 끓으면 가서 그걸 꺼야 하고, 누가 오면 문을 열어줘야 합니다. 통화하느라 다른 걸 못 하면 주의 전환 능력이 떨어지는 겁니다.

선생님의 지시에 따르지 않고 멍한 시간이 많다는 건 집중해서 정보를 받아들이는 게 안 된다는 이야깁니다. 우리가 어떤 정보를 받아들이려면 거기에 주의를 돌려야 합니다. 그리고 일정 시간 동안 그 주의력을 유지해야 합니다. 수학 문제 하나를 풀려면 문제에 주의를 기울이고, 문제에 나온 정보를 입력하는 과정이 필요합니다. 그다음에는 주의력을 유지해서 정신적인 작업을 해야 해요. 주의력에 문제가 생기면 학습을 하는 과정에 큰 어려움이 생깁니다.

"애들 다 그러지 않나요? 그 나이 때 애들은 많이 그런다는데요."

이렇게 생각할 수 있죠. 그런데 주의력이 중요한 이유는 나이가 들수록 싫은 일이라도 집중해서 할 수 있어야 한다는 데 있습니다. 수학을 좋아하는 학생은 많지 않을 거예요. 그런데 수학 시간에는 수학 공부를 해야 하니까 수업에 집중하는 거죠. 주의력이 성장한다는 건 그게 싫거나 관심이 가지 않아도 다른 아이들이 하는 만큼 일정 시간은 집중할 수 있다는 것을 의미합니다.

따라서 만일 우리 아이가 이런 문제를 보인다면, 주의력에 문제가 있지는 않은지 종합심리검사를 받아보고 그 결과에 따라 아이를 도와주는 게 좋다고 조언드리고 싶습니다.

숙제가 힘들어지는 세 가지 이유

아주 계획적이고 생각이 많은 엄마가 있습니다. 초등학교 2학년인 아들이 학원에 다니게 되자 엄마가 관리해야 할 일이 많아졌어요. 숙제도 시켜야 하고, 시험 준비도 함께해야 하고, 경우에 따라서는 학원을 알아보아야 할 때도 있죠. 아이한테 숙제를 시키면서 엄마는 화를 많이 내게 되었습니다. 아이는 원래 엄마가 이끄는 대로 하는 아이였는데, 요즘 들어 숙제를 하라고 하면 1~2시간 넘게 책상에서 딴짓을 합니다. 엄마는 속이 터져 결국 화를 냅니다.

대부분 아이가 숙제를 빨리빨리 하지 않는다는 걸 생각하면 이게 비정상이라고 보기는 어렵습니다. 하지만 엄마를 힘들게 하는 것도 사실입니다. 계획적이고 생각이 많은 성향의 엄마는 어린아이를 키우는 게 아주 힘듭니다. 왜냐하면 이 나이의 아이들은 계획을 따르기에는 아직 너무 어리거든요. 그래서 몇 시에 학교에서 돌아오고, 몇 시에 학원에 가고, 무슨 과목 숙제는 어느 요일에 몇 시부터 한다는 식으로 꼼꼼히 계획하고 싶어도 어렵다고 봐야 합니다.

유치원에 다니는 아이들은 엄마가 장난감을 정리하라고 하면 5~10분 정도 집중해서 할 수 있다고 합니다. 초등학교 저학년쯤 되면 수학 문제를 풀 때 집중할 수 있는 시간이 20~30분입니다. 그 이상 넘어가면 집중을 안 하는 게 아니라 집중력이 방전되어 할 수가 없습니다. 충전해야 또 쓸 수 있습니다.

그런데 대부분 아이는 학교나 학원에서 많은 집중력을 써버리고 옵니다. 그렇기 때문에 집에서 추가로 집중하려면 사실은 과잉이에요. 어른으로 치면 야근이나 밤샘 근무인 겁니다. 그러니까 애들이 지겨워하고 힘들어하는 건 당연하다는 거죠.

아이의 숙제, 세 가지를 점검하세요

좀 더 여유를 가져야 합니다. 이 숙제를 하는 데 내 생각보다 시간이 많이 걸릴 수도 있다거나, 축구를 갔다 온 날은 피곤해서 일찍 잘 가능성이 높다거나 하는 식으로 생각을 좀 유연하게 가져야 합니다. 특히 아이가 저학년이라면 '안 되면 할 수 없지'라는 마음이 필요해요.

더 중요한 건 그다음입니다. 다음 세 가지를 체크해보세요.

첫째, 숙제량이 너무 많지 않은가요?

숙제를 하는 데 있어서 문제가 되는 경우는 숙제량이 많다는 것입니다. 숙제하는 시간이 오래 걸린다면 아이를 탓하기 전에 이유가 뭔지 생각해봐야 합니다. 과제량이 많다면 시기가 언제가 됐든 삐거덕거릴 수밖에 없어요. 엄마와 아이 간에 갈등이 생기게 됩니다. 숙제량이 아이가 소화할 수 있는 이상이 되면 어떤 방법을 써도 안 돼요. 아이가 너무 힘드니까 계속 미루거나 끝내지 못하는 경우가 생기죠.

특히 초등학교 저학년이라면 쉽게 한 번에 할 수 있는 정도의 숙제부터 시작해야 해요. 이 정도로 학습이 될지 불안하게 생각할 수 있는데, 어떤 내용을 이해하는 능력과 집중해서 과제를 푸는 능력은 또 다릅니다. 이해한다고 해서 문제를 다 풀 수 있는 건 아니잖아요. 이해한 정도로는 풀기 어려운 문제라거나 지나치게 양이 많으면 아이들은 지치고 거부감이 생깁니다.

그래서 학원을 보내기 시작한다거나 숙제가 적은 학원에서 많은 학원으로 옮길 때는 학습과 숙제의 양을 단계적으로 조금씩 올려줘야 해요. 유명한 학원이라고 해서 덜컥 옮겼다가 거기에 적응하지도 못하고 그만두지도 못해서 방황하는 엄마들을 많이 봤습니다.

좀 징징거리고 싫어하지만 앉아서 20~30분 내에 한다면, 그 정도 과제량은 괜찮습니다.

저학년이라면 학년이 올라감에 따라 과제에 걸리는 시간이 10분 정도씩 단계적으로 늘어나게끔 과제를 주어야 아이들이 적응할 수 있습니다.

둘째, 숙제의 내용이 너무 어려운 건 아닐까요?

숙제의 난이도도 중요합니다. 열 문제를 푸는데 다섯 문제 정도를 모르겠다면 숙제를 하는 게 힘들 뿐 아니라 동기도 많이 떨어집니다. 진짜 어려운 문제는 사실 숙제로 내주지 않는 게 좋아요. 왜냐하면 어려운 건 풀지 못하는 거잖아요. 특히 도와주는 사람 없이 이런 문제에 접했을 때 아이들은 보통 좌절합니다. 그러고는 "난 수학을 못해"라고 생각해버립니다.

어려운 문제를 오래 풀게 하면 그 과목을 점점 싫어하게 됩니다. 싫어하니까 그걸 시작하는 데 더 많은 에너지가 들고, 그러다 보면 집중력이 더 떨어지는 악순환을 겪을 수 있어요. 킬러 문항이라는 말이 한동안 매스컴에 등장했죠. 수능에 쉬운 문제만 내면 변별력이 떨어지기 때문에 대부분 학생들이 풀지 못하는 아주 어려운 문제를 섞어서 출제한다는 겁니다. 킬러 문항은 정답률이 매우 낮기 때문에 이 정도까지 맞춰야 한다고 생각하면 시험에 대한 강박이 생길 수도 있어요.

3분의 2 정도는 어렵지 않게 할 수 있어야 숙제로서 효과도 있고 아이가 지치지 않습니다. 학습이라는 건 장기 레이스이기 때문에 지금 당장 빨리 진도를 나가고 선행을 하는 게 중요하진 않아요. 아이가 어릴수록 아이 눈높이에 맞는 과제를 시키는 게 중요합니다.

셋째, 아이가 너무 피곤하지 않은가요?

또 다른 이유는 아이가 지쳐서일 수도 있습니다. 학교에 갔다 왔고 학원까지 갔다 왔는데 과제나 학습도 하려면 추가적인 작업기억이 필요합니다. 내가 보거나 들은 걸 머릿속에 저장해서 그걸로 다시 문제 풀이를 해야 하는데, 너무 피곤하면 머리가 잘 안 돌아가잖아요. 작업기억이 소진된 상태이기 때문에 똑같은 걸 하는 데 시간이 오래 걸리고 자꾸 멍하게 되는 거죠.

엄마가 화를 낸다고 숙제하는 시간이 줄어들지는 않아요. 아이가 엄마를 괴롭히려고 그러는 게 아닙니다.

시험점수에 민감한 게 좋은 건 아니다

아이들이 학교에 다니기 시작하면 여러 가지 시험을 보게 됩니다. 학교에서 단원평가도 보고, 학원에서 테스트를 보기도 하죠. 어차피 볼 시험인데 미리 공부하면 얼마나 좋을까요? 답답해하는 부모들이 많습니다.

뭔가를 미리 한다는 건 흔히 좋은 거라고 생각합니다. 부지런하고 책임감 있다고 여기죠. 그런데 뭔가를 미리 하려면 긴장감이 있어야 합니다. 안 하면 큰일 날 것 같으니까 미리 하는 거예요. 반대로 어떤 일을 미리 하지 않는다면 그만큼 긴장하지 않는다는 뜻입니다.

수행 불안은 사람마다 다르다

내가 이걸 잘할 수 있을까 할 때 느끼는 감정을 '수행 불안'이라고 합니다. 그런데 수행 불안을 얼마나 빨리 강하게 느끼는가는 사람마다 달라요. 사람마다 어떤 과제를 앞두고 '이걸 해야 하는데' 하고 불안해지는 시기는 다 다르다는 겁니다. 수행 불안을 일찍 느끼는 사람은 일찍부터 준비합니다. 그에 비해 수행 불안을 늦게 느끼는 사람은 '그렇게까지 빨리해야 하나'라고 생각하죠.

사실은 빨리 불안해진다는 게 꼭 좋다고만은 할 수 없습니다. 미리 하면 그만큼 더 많이 해야 하잖아요. 부모 입장에서야 미리 하면 더 공부를 많이 할 수 있으니까 좋다고 생각하겠죠. 그런데 빨리 시험 공부를 시작하는 이가 꼭 성적을 잘 받는 것도 아닙니다.

'학습 곡선'이라는 게 있습니다. 사람이 어떤 일을 수행할 때 처음에는 익숙하지 않아서 시간이 많이 필요하지만 갈수록 숙달되면서 시간이 줄어들거든요. 이 학습 효과를 그래프로 표현한 게 바로 학습 곡선입니다. 긴장 수준이 높을 때는 공부를 시작하면서 바로 효율성이 높아지지만, 긴장 수준이 뚝 떨어져 있을 때는 워밍업하는데 시간이 걸립니다.

수행 불안이 증가하면 긴장감이 올라가면서 공부가 잘 되는 지점이 있습니다. 그때가 공부하기에는 최적의 순간입니다. 수행 불안이 일찍 생기는 사람들은 미리 계획을 세웁니다. 그런데 수행 불안이 높아져서, 너무 높은 불안상태가 되면 준비했던 게 백지상태가 되기도 합니다. 간혹 시험 볼 때마다 과도하게 긴장해서 실력을 발휘하지 못하는 학생들이 있습니다. 수능 앞두고 불안 때문에 공부가 안 된다거나, 한 과목 시험을 망치면 그다음 과목을 쭉 망치는 것도 수행 불안 때문입니다. 공부에 영향을 미칠 정도로 불안이 심하다면 치료를 받는 게 큰 도움이 됩니다.

수행 불안을 과도하게 자극하지 마세요

중요한 건 개인마다 고유한 학습 곡선이 있다는 것입니다. 그래서 느긋한 아이들은 준비를 안 하는 것 같지만 닥치면 엄청 잘 외우기도 해요. 그러니까 언제부터 시험 준비를 할 것인지 강요할 수 없다는 이야깁니다.

부모가 아이를 키울 때는 자신의 수행 불안을 아이한테 똑같이 투사하는 경우가 많은데, 이런 경우에는 문제가 생길 가능성이 높습니다. 수행 불안을 빨리 느끼는 엄마가 수행 불안을 늦게 느끼는 아이를 키우면 어떻게 될까요? 엄마가 수행 불안이 높으면 아이의 단원평가 하나하나가 다 부담스러울 겁니다.

사실 단원평가란 아이들이 교과 과정을 어느 정도 이해했는지 파악하고, 이해 정도가 너무 떨어지는 아이들에게 도움을 주기 위해하는 것입니다. 그런데 수행 불안이 높은 엄마는 온통 불안으로 얼어붙게 되는 거죠. 그래서 수행 불안이 과도하면 문제가 됩니다.

아예 없는 것도 좋지 않습니다. 아침에 등교하는 것에도 적당한 수행 불안이 필요하기 때문입니다. 저학년 아이들은 스스로 시간에 맞춰 등교하기 어렵습니다. 엄마가 매일 같은 과정을 거쳐서 같은 시간에 학교에 갈 수 있게 가르쳐야 '이 시간쯤이면 나가는 거구나. 늦으면 안 되는구나' 하는 걸 배웁니다. 아침에 등교해야 하고, 수업 시간에 앉아 있어야 한다는 규칙을 지키는 것에도 적당한 수행 불안이 필요합니다.

그런데 아이들한테 일찍부터 시험과 관련된 수행 불안을 만들어주는 건 좋지 않아요. 나중에 아이가 정말 노력해서 필요한 수행 결과를 얻어야 할 때 과도하게 수행 불안을 높일 수 있기 때문입니다.

저는 의과대학 교수이기 때문에 의대생들을 가르치잖아요. 학생 중에 불안장애를 앓는 학생들이 꽤 있어요. 그래서 입학생 중에 80퍼센트 정도가 제일 원하는 게 무사히 졸업하는 거라고 합니다. 아마 그 학생들의 엄마들은 "대학만 잘 가면 그다음부터는 편해"라고 말했을 겁니다. 그런데 그렇게 의대에 갔는데 전국에서 잘하는 애들이 모였고, 매주 시험을 보는 거죠. 이 학생들은 예전에 상위 몇 프로에 들었으면 지금도 상위 몇 프로에 들어야 한다고 생각합니다. 그게 아니라는 걸 머리로는 이해하지만 많은 시간 동안 수행 불안이 자극되는 상황에 노출되었기 때문에 이제는 이성적으로 통제가 안 되는 겁니다. 얼마나 힘들까요. 안타까운 일입니다.

요약하자면, 수행 불안은 타고나는 것이라서 부모가 이래라저래라 한다고 해서 바뀌지 않습니다. 각자의 학습 곡선이 있기 때문에 자기 리듬을 맞춰주는 게 가장 효율성이 높아요. 수행 불안이 좀 낮다면 게으르고 준비성이 부족하다기보다는 유연하고 융통성이 있다고 볼 수도 있습니다. 스트레스를 덜 느낀다는 건 가장 좋은 걸 수도 있지 않나요?

쉽게 싫증 내는 아이 학원 보내는 원칙

여덟 살 여자아이를 둔 엄마가 있습니다. 이 아이를 일곱 살 때부터 피아노 학원에 보냈습니다. 주 5회를 가다가 아이가 힘들어해서 점점 횟수를 줄였고, 지금은 주 1회 레슨을 받고 있습니다. 아이는 피아노 치는 건 좋지만 레슨은 받으러 가기 싫다고 합니다.

초등학교에 막 입학해서는 의욕적으로 잘 가더니 한 달도 못 되어 재미없다고 합니다. 방과후수업을 다섯 개나 하겠다고 하더니 한 달 만에 세 개를 그만두고, 나머지 두 개도 두 달 만에 그만뒀습니다. 태권도도 할머니가 될 때까지 다니겠다고 하더니 5개월 만에 그만두고, 플레이 수업도 4개월 하더니 그만두겠다고 합니다. 결국 일주일에 한 번 피아노만 억지로 보내고 있는 상황입니다.

하루는 학교에서 무용 수업이 있었는데, 재미가 없어서 선생님께 하기 싫다고 하고 구경만 한 적도 있고, 옷이 젖는 게 싫다고 물총 싸움도 안 했다고 합니다.

엄마는 뭐든 억지로 시킬 필요는 없다고 생각해서 설득을 좀 해 보고 안 되면 그냥 그만두게 해줬습니다. 싫은 일도 참고 할 수 있는 능력을 키워야 할 것 같은데 그런 능력이 부족한 것 같아 고민입니다.

재미없어도 해야 하는 일이 있다

아이는 보통 아이인 것 같은데 상황은 예사롭지 않습니다. 상황이 이렇게까지 된 데는 엄마의 의사결정이 결정적이었던 걸로 보입니다. 이 사례에서 엄마가 어떤 방식으로 양육을 해왔는지 상상해 봤습니다. 아이가 이렇게 말할 겁니다.

"엄마, 나 피아노 학원 다니고 싶어."

"피아노 학원 다닐 수 있겠어?"

"응, 다니고 싶어."

"그럼 한 일주일에 두 번쯤 가자."

"아니야, 나 맨날 가고 싶어. 너무 하고 싶어."

이러면 주 5회를 보내는 거죠. 아이가 좀 다니다가 말합니다.

"엄마, 나 피아노 학원 너무 힘들어. 조금만 다니고 싶어."

"네가 매일 가고 싶다고 그랬잖아."

"아니, 힘들어."

이렇게 해서 아이 말에 따라 점점 줄였을 겁니다. 다른 학원도 이런 패턴이었을 거고요. 엄마는 싫다고 하면 지금은 억지로 시킬 필요가 없다고 생각한다고 하지만, 그것보다 아이가 하고 싶다고 하면 다 시켜줘야 한다고 생각하는 게 더 문제입니다.

재미있으면 시켜주고, 안 한다고 하면 꼭 시켜야 하는 건 아니니까 그만두게 합니다. 이 과정에서 아이는 뭘 배울까요? 재미있어 보이면 일단 해보고, 재미가 없으면 그만두는 겁니다. 재미있어 보이면 무엇이든 해볼 수 있고, 싫은 걸 억지로 참을 필요는 없다는 위험한 태도를 배우는 거나 마찬가지예요.

우리가 어떤 취미 생활을 한다고 생각해보죠. 가죽공예를 가르치는 학원에 3개월 수강 등록을 했습니다. 그런데 보통 한 달쯤 되면 하기 싫어집니다. 그래서 남은 2개월을 날리기도 하죠. 성인에게는 큰 문제가 되지 않습니다.

그런데 이 아이는 학교도 그 연속선상에서 생각한다는 게 문제입니다. 이건 아이기 때문에 생기는 문제이기도 합니다. 학교도 2주는 열심히 가더니 재미없다고 하고, 방과후수업도 다섯 개 하다가 재미없다고 세 개를 그만둡니다. 학교나 방과후수업이나 학원이나 아이에게는 다 똑같은 겁니다. 재미있으면 하고 재미없으면 안 해도 되는 거죠. 이런 경험이 누적되다 보니 학교 수업도 재미없다고 안 하고, 물총 싸움도 싫다고 안 하는 일이 발생하는 겁니다.

하지만 때로는 하기 싫은 일도 참고 해야 하는 게 학교생활입니다. 재미없다고 수업에 참여하지 않는 건 아직 1학년이어서 크게 문제 삼지 않는 것일 뿐 곧 문제가 될 행동입니다. 그렇다고 "학교에서는 재미없어도 해야 해"라고 말하는 걸로는 별로 효과가 없습니다. 이건 일상생활을 통해 먼저 가르쳐야 합니다. 재미있는 걸 다 시켜줄 수는 없다는 것, 그리고 일단 시작했으면 재미가 없어도 어느 정도는 해야 한다는 걸 말이죠.

아이가 무언가를 배워보고 싶다는 말의 의미

저도 아이를 키울 때 비슷한 일이 있었습니다. 딸이 초등학교 1학년 때의 일입니다. 학교에 다니기 시작한 지 얼마 안 돼서 저한테 발레 학원을 보내달라고 하더라고요. 왜 발레 학원에 다니고 싶냐고 물어봤더니 친구가 발레 학원에 다녀서 자기도 가고 싶다는 겁니다. 이런 일은 초등학교 저학년이면 흔히 일어나는 일입니다. 친구가 다닌다고 해서, 혹은 사은품을 준다고 해서…. 이유를 알고 보내야 하나 말아야 하나 좀 고민했습니다. 그래도 취미가 있으면 좋겠다 싶어서 학원에 보냈습니다.

초반에는 발레복 한 벌 정도만 사면 되어서 다른 학원하고 비용 차이가 크게 안 났어요. 그런데 몇 달 지나서 아이가 "원장님이 우리 공연한대"라고 얘기하더라고요. 무슨 얘기인가 싶어서 알아보니 1년에 두 번 공연을 한다고 하더라고요. 그래서 뭘 준비해야 되냐고 물었더니 작품비와 의상비를 추가해야 한다는 겁니다. 20년 전의 일인데, 50만 원 정도였던 걸로 기억해요.

분명하게 대답하지 않은 채 집에 왔는데, 계속 발레 학원을 보내는 건 어렵겠다는 생각이 들었습니다. 아이가 발레를 특별히 좋아하는 것도 아니고 발레리나가 될 것도 아닌데 과하다는 생각이었죠. 당시 두 돌 된 둘째도 있어서 계속 다니게 되면 감당하기 어렵겠다고 판단했습니다.

아이를 불러 "엄마 생각에 이제 발레는 그만 다니는 게 좋을 것 같아"라고 이야기했습니다. 당연히 아이가 울고불고할 줄 알고 마음의 준비를 했죠. 그런데 의외로 선선히 알았다고 하더라고요. 알고 보니 아이는 몇 달 다니고 나니 발레가 좀 시들해진 거였습니다. 그때 새로운 사실을 알게 되었습니다. 아이가 처음 발레 학원에 가고 싶었던 가장 큰 이유가 발레복이었더라고요.

초등학교 저학년 아이들의 마음은 부모의 마음과는 좀 다릅니다. 아이가 피아노나 미술 같은 걸 배우고 싶다고 하면 부모는 학원에 일주일에 몇 번 가서 선생님이 알려주는 대로 열심히 배우기를 기대하죠. 그러나 아이가 뭔가를 하고 싶다는 건, 엄마가 생각하는 것처럼 매일 가겠다, 혹은 주 1회 가겠다는 의미가 아니에요. 아이가 원하는 건 그냥 피아노를 한번 뚱땅거려보고 싶다든지 물감으로 뭘 좀 색칠해보고 싶은 정도인 거죠.

그러니까 아이는 뭘 하고 싶다는 게 '그냥 한번' 해보고 싶다는 의미인 겁니다. 말하자면 체험을 하고 싶은 거예요. 그런데 뭔가를 배우는 것에서 굉장히 중요한 부분은 일정한 시간에 일정한 장소에 가서 선생님 지시에 따라야 한다는 거죠. 모든 배움에는 책임과 의무가 따릅니다. 그런데 아이 머릿속에는 재미만 있고 책임과 의무는 없습니다.

그런데 부모는 자신의 눈높이로 생각해서 "잘 다닐 수 있어? 안 빠질 수 있어?" 하면서 다짐을 받아내면 아이가 그대로 할 걸 기대합니다. 그리고 아이가 하기 싫다, 안 다니겠다고 하면 약속해놓고 왜 그러냐고 실랑이를 벌이게 됩니다.

사실 이건 어른한테도 쉽지 않습니다. 건강을 위해 꾸준히 운동을 계획하지만 늘 실패하잖아요. 운동 자체는 재미있을 수 있지만, 정해진 시간에 정해진 장소에 가서 뭔가를 하는 건 의무 같은 거니까요.

어쨌든 아이가 학원에 다니다 싫증을 내면 부모는 고민이 됩니다. 이때까지 학원비 낸 게 아깝기도 하고, 하기 싫다고 하면 그때마다 말을 들어주면 습관이 되지 않을까 걱정이 돼요. 그런데 특히 예체능은 억지로 보냈을 때 부작용이 훨씬 더 큽니다. 그 분야 자체를 앞으로 쭉 싫어하게 될 가능성이 있고, 엄마가 나를 강압적으로 보낸다고 생각해서 엄마와 사이가 멀어질 수도 있어요. 그렇다고 하기 싫어하면 그만두게 하고, 또 다른 걸 하고 싶다고 하면 시켜주는 것도 비교육적입니다.

무엇을 배우든 규칙이 필요하다

그럼 어떻게 해야 좋을까요? 제 딸아이는 호기심이 많은 아이라 보는 것마다 시켜달라고 해서 곤혹스러울 때가 많았습니다. 그래서 다음과 같은 규칙을 정해 아이에게 말했어요.

"네가 원하는 학원은 한 달에 한 가지만 가능해."

한 달에 한 가지만 시작할 수 있다는 거죠. 요즘은 이보다 많이 보내는 경우가 많지만, 당시에는 예체능 학원을 많이 보내지는 않았어요.

"그리고 한다고 했다가 한 달을 채우지 않고 그만두면 그다음 두 달은 아무것도 할 수 없어."

아이가 이것저것 하고 싶다고 해서 서너 개를 동시에 시키는 경우가 있는데, 그러다가 또 아이가 다 그만두겠다고 하죠. 그럴 때는 그냥 어머니가 정하면 됩니다. 아이가 흥미를 보이는 것 중에서 몇 개까지 허락하겠다고 정해놓고 그 안에서 조정하는 거예요. 이때도 역시 하나를 그만두고 나면 새로운 건 두세 달 후에 시작할 수 있다고 하세요. 그러면 아이도 좀 더 신중해질 겁니다.

아이들이 즉흥적으로 뭔가를 하고 싶다고 말하는 건 엄마들이 계속 그 결정에 따라주기 때문입니다. 규칙으로 정해놓으면 좀 수월하게 이런 문제를 다룰 수 있습니다.

구체적으로 방법을 알려드릴 테니 여러분도 한번 해보세요. 예를 들어 "학교 다니는 것 외에 네가 할 수 있는 건 두 가지야"라고 합니다. 방과후수업을 두 개 하면 그 이상은 아무것도 못 하는 거죠. 아이가 더 하겠다고 하면 이렇게 말해요.

"아니야. 이 두 개를 꾸준히 하고 다른 걸 하고 싶으면 그중에 하나는 끊어야 해. 그런데 일단 한번 시작했으면 3개월은 해야 해."

그리고 3개월은 무슨 일이 있어도 보내는 겁니다. 그럼 아이는 재미있어서 시작했다가 재미없으면 끊고, 이런 게 더 이상 통하지 않는다는 걸 알게 됩니다.

정리해보겠습니다. 시켜주는 건 몇 개까지라는 걸 꼭 정하고, 일단 그걸 시작했으면 충분한 시간을 한 다음에 교체하게 해주세요. 그리고 학교에서 재미없다는 이유로 무언가를 안 했다고 하면 안 된다고 단호하게 말해야 합니다. 학교에서 하는 활동은 싫더라도 다 해야 한다는 걸 가르쳐야 해요. 그 이유는 학교와 학원을 똑같은 방법으로 다루면 학원을 끊을 수 있는 것처럼 학교도 끊을 수 있다고 생각하기 때문입니다. 집에서 과도하게 허용적인 경우에도 인내심이 떨어질 수 있습니다. 따라서 학교에서 하는 것 정도는 꼭 따라야 한다고 알려줘야 합니다.

학원 문제로 싸우기 전에 점검해야 할 것들

열한 살 연준이는 학원에 다니기 싫어합니다. 학교 숙제는 성의는 별로 없어도 빼먹지 않고 하는데, 더 잘해야겠다는 생각이 하나도 없는 것 같습니다. 아이는 아직 자신의 미래를 책임지고 판단할 수 있는 나이가 아니니까, 부모가 억지로라도 공부를 시켜야 하는 거 아닐까요? 제게 이런 고민을 토로한 엄마가 있습니다. 아이의 아빠는 아이가 하기 싫어한다고 해서 공부를 안 시키면 나중에 사회에 나가서 하기 싫은 일을 해야 하는 상황이 오면 적응하지 못할 거라고 생각합니다.

어느 집이나 아이의 학습 문제는 큰 고민거리입니다. 아이들이 어릴 때는 '우리 애는 자유롭게 놀리면서 키워야지'라고 생각했다가도 점점 다른 애는 수학 학원 다니네, 논술 다니네 하니까 불안해지기도 하고요. 그래서 아이를 키우는 부모 입장에서 피할 수 없는 문제가 바로 사교육입니다.

연준이 엄마의 생각에 대해 여러분은 찬성하나요? 아이가 공부에 대해 책임지고 판단할 수 있는 나이가 아니기 때문에 억지로라도 시켜야 할까요? 아이가 학원 가기 싫어도 아이 미래를 생각해서 보내야 한다는 건데요. 이 말의 전제는, 학원을 가면 공부를 잘하게 되고 미래도 밝아진다는 겁니다. 반면 학원을 안 다니면 미래가 어둡다는 거죠.

일단 저는 억지로 시키면 공부를 잘하게 된다는 데 동의하지 않습니다. 그런데 이 부모는 아이가 학원을 다니면 당연히 공부를 잘하게 된다고 생각하는 것 같아요. 하기 싫다고 해서 안 시키면 사회에 나가서 적응하지 못할 거라고 생각하기도 하고요.

기본만 해도 충분히 잘하는 것이다

많은 부모가 아이가 뒹굴거리는 것을 보면 '하는 게 없다'고 생각합니다. 그럼 학교는 뭘까요? 연준이가 학교 숙제를 성의 없이 한다고 했는데, 저만 해도 학교 숙제를 성의 있게 해본 적은 없는 것 같아요. 시험을 더 잘 봐야겠다는 생각도 고3 때나 해본 것 같고요. 물론 요즘에는 학교 숙제가 별로 없어서 충분히 공부하지 않는 것 같지만 학원을 한두 개 정도만 다니더라도 숙제까지 포함하면 학습 시간은 꽤 많습니다.

이 부모의 고민이 얼핏 보면 맞는 것 같지만 얼마나 왜곡됐는지 예를 들어볼게요. 어느 시어머니가 며느리에 대해 이렇게 얘기한다고 생각해봅시다.

"저에게는 마흔 살 된 아들이 있습니다. 며느리는 둥글둥글한 성격이 아니라 썩 마음에 들지는 않았지만 큰 탈 없이 아이를 키우고 있어 별말은 하지 않고 있습니다. 그런데 요즘 보니 살림을 제대로 하지 않는 것 같습니다. 애들 좋아하는 것들은 어느 정도 만들어 먹이는 것 같지만, 김치나 밑반찬은 사다 먹습니다. 또 아들이 좋아하는 나물이나 물김치는 거의 하지 않는 것 같습니다. 그리고 맏며느리인데 제삿날은 제가 장을 다 봐놓으면 하루 전 오후에 와서 조금 돕는 정도입니다. 내가 죽으면 자기가 재산 물려받을 텐데 미리 잘 배워야겠다는 생각을 왜 안 할까요? 시동생과 시누이도 그렇습니다. 저희 부부 생일이나 조카들 졸업 정도나 챙기지, 형제들은 챙기지 않습니다. 가족들과 화목하게 지내고 싶은 마음이 없는 걸까요?"

이 시어머니는 며느리가 김치며 밑반찬도 직접 해 먹이고, 남편이 좋아하는 나물이나 물김치도 수시로 하고, 제사상 차리는 법도 미리 와서 기쁘게 배워야 한다고 생각합니다. 게다가 시부모는 물론 시동생, 시누이까지 챙겨야 한다고 해요.

다시 연준이 이야기로 돌아가봅시다. 지금 아이는 학교에 잘 다니고 있어요. 숙제도 잘 해가요. 심지어 학원도 다녀요. 그러면 저는 이 나이에 해야 할 일의 90퍼센트를 하고 있다고 생각합니다. 그런데 이 부모는 아이가 30퍼센트 정도만 하고 있다고 생각하는 겁니다. 그리고 뭔가를 성의 있게 더 잘해보라는 건 몰라서 하는 소리일 수 있습니다. 사실 그 사람은 성의껏 하고 있을 수도 있거든요.

시어머니도 지금 며느리가 성의 없다고 생각하잖아요. 저 며느리도 최선을 다하고 있을 거예요. 그런데 시어머니는 며느리가 기본도 할까 말까이고, 잘하고 싶은 마음이 없는 것 같다고 하면 얼마나 억울하겠어요?

원인을 외부에서 찾지 마라

기본을 하는 것도 훌륭한 겁니다. 초등학생은 학교를 다니고 숙제를 하는 것만으로도 훌륭한 거예요. 물론 숙제의 양이 적당할 때 얘기입니다. 제가 아이를 키울 때를 생각해보면, 저학년은 일기장과 독서록만 성실히 하는 것으로 충분했습니다. 그런데 이 엄마가 묻는 건 시어머니가 이렇게 묻는 것과 같아요.

"며느리가 김치를 직접 담그지 않는데, 어차피 내가 죽으면 김치를 해줄 사람도 없으니, 며느리가 싫어해도 김치 담그는 것을 억지로 가르쳐야 할까요?"

아이는 이렇게 말하고 싶을지도 모릅니다.

"엄마, 나는 정말 최선을 다하고 있거든요. 저한테 뭘 더 바라시는 거예요."

아이의 학년이 올라가면 엄마들은 고민이 더욱 많아집니다. 이제부터 입시를 제대로 준비해야 할 것 같거든요. 그런데 원래 초등학교 들어갈 때도 초등학교 때부터 잘해야 한다고 그러고요, 고학년이면 이제 입시 시작이라고 그러고요, 중학교 갈 때는 이게 '진짜' 시작이라고 그러고요, 중 3이면 '결정 났다'고 그러고요, 고 1 되면 첫 중간고사가 내신이라고 그럽니다.

그런 말을 들을 때 엄마들은 학원 안 가면 못 따라간다고 생각합니다. 하지만 가방 들고 몸만 왔다갔다 하는 애들이 꽤 많습니다. 학원이 꼭 필요하다면 학원에 다니는 애들은 다 성적이 좋아야 하잖아요.

심리학에는 '자기충족적 예언'이라는 게 있습니다. 믿음이나 기대가 현실이 된다는 거죠. 나쁜 일이 생길 거라고 생각하면 나쁜 일이 벌어지고, 좋은 일이 생길 거라고 기대하면 좋은 일이 생긴다는 겁니다. '우리 애는 학원을 다니니까 성적이 안 떨어질 거야'라는 믿음이나 기대를 갖고 있으면서, 아이 성적이 안 떨어지면 학원 덕분이라고 생각한다는 거죠. 그리고 '학원에 안 다니니까 성적이 떨어질 거야'라고 믿었는데 실제로 성적이 떨어지면 이것도 학원 때문인 겁니다.

요즘은 학원과 학교를 거의 비슷하게 생각하는 것 같아요. 사교육이 모두 나쁜 건 아닙니다. 부족한 부분을 채워주는 것을 도와주고, 매일 일정한 분량을 공부하는 습관을 키워주는 데 도움이 될 수 있습니다. 수학이나 영어처럼 꾸준히 해야 점수가 올라가는 과목은 복습이 중요합니다. 따라서 학원의 순기능은 분명 있습니다. 그래서 학원을 보내지 말라고 얘기하지는 않지만, 학원을 억지로 보내면 어떤 문제가 생길 수 있는지는 많이 알고 있어요.

부모의 심리는 이런 것 같아요. 아이가 시험을 못 봤을 때 실력이 부족하다고 생각하는 건 받아들이기 힘들죠. 어떻게 하든 일단 공부를 시켜봅니다. 이 시기에는 무리하게 공부를 시킬 가능성이 높습니다. 아이가 지쳐서 더 이상 못 하게 되면 일찍 학원을 안 보내서 그렇다든가, 학원을 좀 더 좋은 데 보냈어야 한다든가, 좋은 동네에 살아야 한다든가 하는 식으로 외부에서 원인을 찾아보려 해요. 이런 마음은 사람이라면 보편적인 것입니다. 무조건 부정하지 말고 내면에 어떤 불안이 있는지 살펴야 적당한 선에서 아이를 보호할 수 있습니다.

다른 아이들은 학원에 다니고 우리 아이만 학원에 안 가는데 아이가 학교에서 학습을 잘 따라간다면, 학원 안 다니고도 그 정도 하니까 잘한다고 생각하면 됩니다.

아이가 학원을 그만두지 못하는 이유

반대로 분명히 무리가 되는데도 학원을 그만두지 못하는 아이도 많습니다. 숙제를 잘 하지 않고 꾸물대는 아이와 실랑이를 벌이다 보면, 엄마가 화가 나서 "그럴 거면 너 학원 그만둬"라고 합니다. 그런데 아이가 그만두기는 싫다고 해요. 엄마 입장에서는 그럼 어쩌자는 건지 환장할 노릇입니다.

그런데 이걸 알아야 해요. 이런 상황에서는 많은 아이가 학원을 그만둔다고 말하지 못합니다. 그 이유는 학원을 꼭 다녀야 한다고 생각해서가 아닙니다. 만약 아이가 "알았어, 나 학원 그만두고 싶어"라고 했다면 엄마가 어떻게 할까요? "그래, 네가 너무 힘드니까 그만두자"라고 할까요? 설사 말은 그렇게 하더라도 마음속으로는 화를 내는 경우가 많습니다. 말에도 날이 서 있겠죠. "그래, 네 인생이니까 네 맘대로 해. 엄만 포기할래"라는 반응을 보이기도 합니다.

이걸 말로 하든 생각만 하든 애들은 다 알아요. 학원을 그만두면 엄마가 자기한테 화가 날 거라는 걸 압니다. 더 나아가, 공부를 안 하면 엄마가 자기를 더 이상 사랑하지 않을 거라고 생각하는 경우도 많습니다. 그래서 자기가 학원을 안 다니고 공부를 못해도 엄마가 사랑해줄 거라는 걸 믿을 수 있어야 학원을 그만둘 수 있습니다.

학원 문제를 해결하기 위해서는 현실적인 방법을 찾아야 하는데, 학원 숙제를 하는 데 지나치게 실랑이를 하게 된다면 좀 더 쉬운 학원으로 옮기거나 숙제량을 줄이는 게 좋습니다. 그리고 시험을 자주 보거나 계속 무언가를 외우게 하는 학원은 좀 늦게 보내는 게 좋습니다. 학습도 힘든데 시험까지 봐야 한다면 저학년 아이한테는 압박이 너무 큽니다. 그리고 평가에 대해 과도한 불안을 갖게 됩니다. 문제를 풀라고 시키고 채점을 해주면 틀렸다는 표시(∨ 또는 ×)에 민감한 아이들이 많아요. 자기 자신을 점수와 동일시하면서 불안을 느끼기 때문이에요.

학원에서 숙제까지 다 끝내는 방법도 생각해볼 수 있습니다. 공부방 같은 형태가 그렇게 많이 합니다. 집에 와서는 할 게 없도록 하는 거죠. 집에 와서 뭔가를 또 한다는 건 엄마와 애가 같이 고생하고도 관계가 상하는 지름길입니다.

그다음에 엄마 마음을 점검해야 합니다. 내가 아이한테 적절한 기대를 하고 있는지, 내가 기대치를 너무 높이 설정한 건 아닌지 자기 성찰을 해보는 게 필요합니다. 학원을 과하게 보낸다면 뭔가 마음속에 우리 아이가 이런 아이였으면 좋겠다는 기대가 자기도 모르는 사이에 높아졌을 수 있습니다.

초등 학원 선택법의 모든 것

다른 애들은 다 학원에 다닌다는데 우리 애만 안 보낸다면 불안한 것도 사실입니다. 저도 무조건 학원을 보내지 말아야 한다고 생각하지는 않아요. 학원이 필요 없다고 생각하지도 않고요. 아이가 너무 힘들어하지 않는 범위에서는 보내도 된다고 생각합니다. 아이들이 학업을 하려면 어느 정도 앉아서 공부하는 훈련은 돼 있어야 하죠. 그걸 집에서 엄마가 관리하는 건 쉽지 않으니까 최소한의 훈련을 학원에서 한다고 생각하고 보내는 건 괜찮습니다.

여기에서는 학원에 보낼 때 꼭 고려할 점을 말씀드리려고 합니다. 아이들이 학원에 갔다가 주로 문제가 생기는 세 가지 요인을 체크하십시오.

첫째, 학습량과 진도가 적당한가요?

아이가 학원에 다니기 싫다고 했을 때는 여러 가지 이유가 있을 수 있는데, 제일 먼저 체크해봐야 하는 건 그 학원의 진도와 학습량입니다. 아이가 따라가기 힘들면 스트레스를 받는데, 그게 해소되지 않은 채 시간이 가면 번아웃이 될 수 있습니다.

제가 최근에 보는 애들 중에는 초등학교 고학년이 되면서 동네에서 유명하다는 학원으로 옮긴 후 우울증이 생기고, 탈모를 겪는 아이도 있어요. 또 진도가 너무 빨리 나가는 학원에 다닌다면 아이는 어느 순간 이해가 안 가는 수업을 계속 듣고 있게 됩니다. 그러면 당연히 학원에 가기 싫죠.

둘째, 과제가 너무 많지 않은가요?

아이들이 제일 힘들어하는 건 과제가 많은 겁니다. 이런 얘기를 하면 엄마들은 학교는 숙제가 없어서 학원 숙제라도 해야 한다고 이야기합니다. 이건 햇반 사 먹어도 되는데 꼭 솥밥을 하라는 얘기나 똑같은 겁니다. 과제를 안 내주는 건 발달에 그 정도면 충분하기 때문에 안 내주는 거예요. 만약 너무 걱정이 된다면 학교보다 약간 과제량이 많은 학원에 보내는 걸로 충분합니다. 심리치료 중 인지 행동 치료라는 기법이 있는데 이 기법에서는 과제를 해오는 게 정말 중요합니다. 그런데 꼬박꼬박 해오는 사람이 드물어요. 어른도 그런데 아이들은 어떨까요? 아이도 새로운 과제에 도전하는 걸 부담스러워 합니다.

셋째, 선생님이 무섭지 않은가요?

어떤 학원은 다니는 아이들 대부분이 좋은 성적을 받는 것으로 소문이 났어요. 그런데 다니는 아이들이 우울증이 심해져서 학원을 관두게 되는 경우가 많아졌습니다. 이야기를 들어보니, 선생님이 심한 수준의 폭언을 했다고 합니다. 애들이 그 모멸감 때문에 혹은 욕을 안 먹으려고 공부를 한다는 거죠. 남자애들만 다니는 학원 중에는 체념하는 곳도 있습니다.

이런 요인들 때문에 스트레스가 가중되면 역효과가 나는 건 불을 보듯 뻔합니다. 아이가 오히려 공부를 기피하고, 더 심해지면 우울이나 불안 같은 정서 문제가 생길 수도 있습니다. 불만이나 화를 행동으로 표출할 수도 있고 두통이나 현기증 같은 신체 증상을 보이기도 합니다.

기본은 학교 공부라는 걸 명심하세요. 너무 부담스럽지 않고 수준에 맞는 학원을 보내되, 아이한테 도움이 되고 필요한 부분을 가르치는 곳에 보내는 게 좋아요. 무엇보다 중요한 건 아이가 힘들어하는지를 살피는 겁니다. 학원 때문에 아이와 싸우게 된다면 학원을 보내는 것에 대해 다시 생각해보세요.

제일 좋은 방법 중 하나는 아이가 다니는 학원에 직접 가보는 겁니다. 아이를 가르칠 선생님을 만나서 아이가 진도를 잘 따라가는지, 과제량이 애가 해낼 수 있는 정도인지 물어보면 선생님들은 대부분 잘 알고 있습니다. 과하다 싶으면 조율하고, 조율이 안 되면 학원을 옮겨보는 방법을 써볼 수 있습니다.

아이에게도 휴가가 필요하다

아이도 그냥 쉬고 싶을 때가 있습니다. 어른도 회사 안 가고 쉬고 싶을 때가 있잖아요. 시험이 끝나면 친구와 놀고 싶기도 할 거고요. 그럴 때는 과감하게 휴가를 쓰게 해주는 것도 좋습니다.

제 딸이 초등학교 4학년 때 일주일에 두 번 다니는 영어 학원을 다녔습니다. 그때마다 제게 전화를 해서 "오늘 학원 안 가면 안 돼?"라고 조르더라고요. 그래서 심하게 조르는 날은 쉬게 해줬더니 조르는 게 점점 심해졌습니다.

그래서 그때 생각한 게 휴가 쿠폰이었습니다. 한 달에 한 번 쿠폰을 발행하는 거죠. "이걸 갖고 있으면 네가 하루 전에만 말하면 쉴 수 있어"라고 얘기를 했습니다. 그랬더니 아이가 스스로 계획을 짜는 겁니다. '이때 시험이니까 시험 끝나고 내가 이 쿠폰을 하나 써야지. 다음 달에는 이때 써야지'라고 스스로 계획하는 거죠. 그러면서 학원 안 가겠다고 하는 일이 훨씬 더 줄어들었습니다. 우리가 여름에 휴가를 낼 수 있다고 생각하면 휴가 계획을 세우잖아요. 그걸 기다리면서 몇 달을 견디고요. 이런 마음이 아이한테도 똑같이 작동합니다.

잘못된 선행이 섣부른 포기를 부른다

학교에 다니는 아이를 키우고 있다면 한 번쯤은 선행학습에 대해서 고민해본 적이 있을 겁니다. 상담을 받으러 오는 많은 아이를 보면서 이에 관해 제가 내린 결론은, 선행학습은 수포자를 만들 수도 있는 위험한 시도라는 것입니다. 이건 제 아이들을 키우면서 직접 겪었던 일이기도 합니다.

2020년 9월 29일자 「한겨레 신문」에 선행학습에 대한 기사가 나왔는데, 그 이유가 잘 나와 있어 여기에 옮겨보겠습니다.

"뜨거운 물에 개구리를 넣으면 펄쩍 뛰쳐나가지만 찬물에 개구리를 넣고 서서히 끓이면 개구리는 자신이 죽는 줄도 모르다 어느새 죽고

만다. 선행학습이라는 게 이런 게 아닐까? 대부분의 선행이 개념 중심 학습이 아니라 교사의 일방적 주입과 문제 풀이, 암기로 이루어지기 때문에 학생들은 일정 기간이 지나면 한계에 부딪히게 된다.

자기 주도적으로 공부해야 한다고 깨달았을 때는 이미 교사 의존과 암기 방식의 공부 습관이 몸에 배서 선행학습을 멈추지 못하고 계속하게 되는 경우가 많다. 그리고 여기까지 오면 어느 범위까지 학습 결손이 생겼는지 파악하기도 어렵다."•

선행학습을 하는 아이들을 뜨거운 물에 들어간 개구리에 비유했는데, 좀 끔찍하죠. 이 말이 어떤 의미인지는 제 경험을 말씀드리면 도움이 될 것 같아요.

제 딸이 초등학교 5학년 때 수학 학원을 다니게 됐습니다. 고학년이 되니까 수학이 어렵다고 해서, 제가 "그럼 학원에 다니면 어때?" 라고 해서 보내게 됐어요. 당시 저희 집 근처에는 학원이 꽤 많은 편이었습니다. 가까운 게 제일 낫겠다 싶어서 길 하나만 건너면 되는 학원을 보냈습니다. 학원이라는 게 다 거기서 거기고, 레벨 테스트도 보는데 알아서 맞는 반에 넣어주겠지 한 거죠. 그게 얼마나 잘못된 선택이었는지 6개월쯤 지나서 알게 되었어요. 아이가 항상 숙제가 너무 어렵고, 학원에서 공부하는 내용이 이해하기 힘들다고

• https://www.hani.co.kr/arti/society/schooling/951481.html

하더라고요. 그래서 제가 도대체 어떤 숙제인지 내용을 봤는데요. 제가 오래전에 학교를 다녔지만 초등학생 수준이 아니라는 건 알 수 있었습니다. 한번은 아이가 너무 힘들어해서 대신 좀 풀어준 적도 있었는데, 그다음 날 아이가 와서 그러더라고요.

"엄마, 선생님이 이거 다 틀렸대. 그래서 오늘 다시 풀었어."

정말 요즘 수학이 그렇게 어려워졌는지 의아해서 부랴부랴 학원에 대해 좀 알아봤습니다. 결과는 충격적이었어요. 제가 아이를 보낸 그 학원이 수학 올림피아드 같은 각종 경시대회를 준비하는 데 최적화된 학원이었어요. 그걸 알고 바로 학원을 그만두긴 했는데, 그때 수학에 대한 자신감이 많이 떨어진 것 같아서 지금도 미안한 마음이 큽니다. 여러분은 저와 같은 실수는 하지 않았으면 합니다.

개념 이해보다
문제 푸는 기술을 배우는 아이들

선행학습이라는 말은 많이 들었겠지만, 정확한 뜻을 짚고 넘어갈 필요가 있을 것 같습니다. 보통 한두 학기 정도 미리 공부를 좀 해두면 학교 수업을 이해하기도 쉽고 시험 공부도 좀 수월하게 하지 않을까, 그러다 보면 성적도 좀 올라가지 않을까 하는 정도로 선행학습을 생각하는 부모들이 많습니다.

그런데 선행학습이라는 게 그렇게 단순하지만은 않습니다. 앞서 소개한 기사 내용을 다시 살펴보면, 선행학습을 이렇게 정의합니다.

> "'사교육 걱정 없는 세상'은 선행학습을 '성인의 도움으로 6개월 이상의 진도를 미리 배우는 것'으로 정의한다. 6개월 이상의 진도라 할지라도 아이 스스로 공부해낸 것이라면 선행학습이라고 단정하기는 곤란하다."

그러면서 "여기서 중요한 것은 성인의 개입 여부"라고 말합니다. 저도 이게 가장 큰 문제라고 생각합니다. 성인은 주로 학원 선생님이 되겠죠. 혼자 힘으로 이해하지 못하는 단계에서 선생님의 도움을 받아 무리하게 선행학습을 하면, 개념을 이해하기보다는 공식 암기나 문제 풀이 기술 위주로 학습 내용을 습득하게 됩니다.

나 혼자라면 이해하지 못하는 부분을 선생님이 알려줘서 어찌 됐든 문제를 풀잖아요. 그러면 아이는 자기가 개념을 이해했다고 착각합니다. 그런데 사실 혼자서는 문제를 풀지 못하죠. 그런데 다른 문제에서 벽에 부딪혀도 개념을 복습해야겠다는 생각을 하지 못합니다. 이런 습관이 몸에 배면 바로잡는 게 쉽지 않아요.

그러다 보니 학원에서는 이 아이들을 다 끌어가기 위해서 문제 유형을 암기하게 만드는 방법을 씁니다. 문제 유형을 분석해서 그 유형에 맞는 문제 해결 방법을 알려주죠.

이렇게 되면 잠시는 점수가 올라갈 수 있어요. 그런데 이런 일이 반복되었을 때 어떤 일이 생기는지를 엄마는 알아야 합니다. 수학은 진도를 나가면 나갈수록 그 이전 부분에서 몰랐던 것들이 누적됩니다. 그 전 단계에서 개념을 충분히 이해하지 못하면, 그다음 단계에서도 어려워지죠. 그러면 점점 어렵게 느껴지면서 자신감이 떨어지게 됩니다.

이렇게 부작용의 위험이 높은데 왜 많은 부모가 선행학습을 시킬까요? 선행학습이 어떻게 시작됐는지를 알면 왜 이렇게 선행학습이 유행하는지를 이해할 수 있을 것 같습니다.

선행학습은 특목고의 역사와 같이 시작되었습니다. 당시에 고등학교는 추첨을 통해 갔는데 특목고는 입시를 봐야 했습니다. 변별력을 높이려다 보니 중학교 교과 과정을 넘어 고등학교 교과 과정에서도 문제를 내게 됐고요. 그러다 보니 학생들은 선행학습을 하고, 학교에서는 더 변별력을 높이려고 더 어려운 문제를 내고, 과정이 반복된 거죠.

사람 마음이라는 게 옆에서 누가 뛰면 같이 뛰게 되잖아요. 우리 애를 특목고에 보내려고 생각하지 않아도 옆에서 다 하면 '적어도 선행학습 정도는 시켜야 하지 않을까' 싶어집니다. 그러다 보니 중학교에서 초등학교로, 또 초등학교 저학년으로 선행학습을 시키는 연령대가 점점 어려졌습니다. 특목고에 대한 열망은 아직도 꺼지지 않아 중학교 1학년을 대상으로 조사해보면 반 정도가 특목고 입학을 희망한다고 해요.

선행학습이 수포자를 낳는다

제 아들은 중학교 2학년 때 처음 수학 학원을 갔습니다. 아들과 같이 동네 수학 학원들을 여러 군데 돌았죠. 여러 군데를 비교해서 좋은 곳에 보내려고 한 것이 아니고, 선행을 안 해도 되는 곳이 별로 없었어요. 학원 중에서 3분의 2 정도가 1년 이상 선행을 해야 들어갈 수 있다는 말을 듣고 정말 당황했던 기억이 있습니다.

'모든 애들이 선행을 하고 있구나. 나만 모르고 있었네'라는 생각이 들었죠. 우리 아이가 손해를 보는 게 아닐까 하는 마음에 결국 선행이 안 된 애들이 갈 수 있는 방학 특강으로 시작했습니다. 방학이 되면 '3개월 안에 한 학기 완성'이라고 플래카드가 붙는 그런 곳이었어요.

그 정도가 제 아들이 갈 수 있는 거의 유일한 학원이었던 것 같아요. 그런데 아들은 그 당시를 생각하면 지금도 끔찍하다고 이야기하곤 합니다. 하루에 문제집을 수십 장씩 풀게 하면서 진도를 나가기 때문에 하루하루 괴로웠대요. 결국은 몇 달 못 다니고 학원을 그만뒀습니다. 그 이후로는 단 한 번도 선행을 시키지 않았습니다.

선행이 도움이 되는 게 분명하다면 제 아들은 수학을 못했어야 합니다. 그런데 선행과는 무관하게 수학 시험은 계속 잘 봤습니다. 그래서 제가 자신 있게 선행은 딱히 도움이 되지 않는다고 말할 수 있게 된 거죠.

모든 아이가 제 아들 같지는 않을 테니, 어떤 사람은 선행이 도움이 된다고 생각할 수 있어요. 하지만 만약 선행학습을 하는 학원에 다니는 게 점수에 도움이 된다면, 그건 선행이 아니라 수학 공부를 하는 시간이 늘어났기 때문이라고 생각합니다.

아이가 학교에 갔다 와서 아무것도 하지 않는 것보다 학원에서라도 추가적인 학습을 하는 게 아무래도 교과 내용을 이해하는 데 훨씬 더 도움이 되겠죠. 학교에 다녀와서 문제를 추가로 푸는 게 시험에 도움이 되는 건 맞습니다. 굳이 학원에 안 가도 집에서 풀면 좋은데, 집에서는 아무것도 하기 싫어하니까 학원에 보내게 되는 거죠.

학원에서 알아서 공부도 시키고, 숙제도 내주고, 숙제 검사도 하니까 엄마 마음도 편해서 보내는 부분도 있습니다. 그러면 그냥 수학 학원을 보내면 되는 거지 굳이 선행을 시킬 필요는 없습니다. 시험 때가 되면 학원에서도 내신 기간이라고 해서 시험 범위도 공부하고 선행학습까지 하게 돼요. 이렇게 되면 학습량은 어마어마합니다.

아이가 수학 공부에 도움을 받았으면 좋겠다고 생각한다면 지금 진도를 도와주는 학원을 보내거나 일대일 과외를 시키는 게 낫습니다. 선행을 시킨다는 건 아이가 아직 그 부분까지 가지 못했는데 억지로 끌어가는 거나 마찬가지예요. 거기까지 끌고 가려면 개념을 이해하기보다는 기술을 익히는 것밖에 방법이 없습니다. 그래서 오히려 수학을 싫어하게 만드는 부작용이 생길 수 있습니다.

지금이라도 아이의 학교 진도와 학원 진도를 찬찬히 살펴보세요. 진도는 학교보다 앞서 있는데 아이가 학원에 너무 가기 싫어하고, 숙제를 자주 빼먹고, 학원에서 자주 전화가 온다면 지금 아이의 진도는 수준에 맞지 않을 수 있습니다. 그리고 맞지 않는다고 판단하면 바로 학원을 그만두는 게 좋습니다. 그래야 우리 아이들이 어린 나이에 수포자가 되는 것을 막을 수 있습니다.

진로 선택보다 중요한 건 좌절내구력을 키우는 것

아이가 학교에 다니기 시작하면 더 먼 미래를 내다보는 부모들은 아이의 진로도 생각하기 시작합니다. 아이가 무엇을 좋아하고 잘하는지를 찾아주고 싶다는 마음도 들죠.

그래서 아이한테 장래에 뭐가 되고 싶은지, 뭘 할 때 즐거운지 등을 물어보지만, 어린애들은 보고 들은 것 이상의 대답을 할 수 없습니다. 동화책을 보고 현실성 없는 대답을 하거나 모르겠다고 하는 게 보통입니다. 진로를 부모 마음대로 정할 수도 없으니 애가 탄다고 하는 부모들도 있어요.

이런 경우 우리 애가 주도성이 부족한지 걱정하는 부모들이 많아요. 그런데 엄마들이 갖고 있는 큰 환상 중 하나가 바로 주도성입니다. 자기주도학습이라는 말도 많이 듣죠. 이 단어가 처음 나왔을 때 아이를 공부시키느라 힘들었던 부모들은 환호했습니다.

깔끔하게 정리해드리자면, 자기주도학습은 환상입니다. 주도성이라는 말은 단어 그대로 자기가 주체가 돼서 뭔가를 이끌어나가는 것을 뜻합니다. 이 맥락에서 자기주도학습은 자발적으로 숙제를 하고 시험공부를 한다는 뜻이 아니에요. 그런 애는 시키지 않아도 하는 아이를 의미하죠. 자기주도적으로 학습한다는 건 스스로 계획을 세우고 실천하는 겁니다. 이를테면 영어 공부를 하는데 인터넷 강의를 들을지, BBC뉴스를 들을지 방법을 결정하고 진도를 스스로 세운 뒤 그대로 수행하는 것을 자기주도학습이라고 해요.

따라서 주도성에는 합리적이고 현실적인 의사결정 능력이 포함되어 있습니다. 물론 자기주도적으로 아이가 학습을 할 수 있어요. 그런데 아이에게 주도성을 길러주겠다고 엄마가 아이에게 주도권을 넘겨주면 이런 일이 생길 수 있습니다.

"엄마 제가 주도적으로 생각을 해봤는데요. 저 자퇴할래요."

엄마들이 원하는 아이의 주도성은 엄마가 원하는 일을 할 때만 해당합니다. 그러니까 엄마가 원하는 것을 아이가 적극적으로 따라주는 걸 엄마 머릿속에는 자기주도라고 생각하는 거예요. 다시 강조하지만, 자기주도는 엄마의 환상입니다.

그렇다면 아이들이 뭔가를 주도적으로 하는 걸 기대하지 말아야 할까요? 그런데 생각해보면 아이들은 굉장히 주도적인 존재입니다.

아기가 누워 있다가 때가 되면 앉고 걷잖아요. 엄마가 "이제 좀 걸어볼래?"라고 시켜서 하는 게 아니라 자기주도적으로 하는 거죠.

또한 아이들은 자기 좋아하는 것에 관해서는 굉장히 주도적입니다. 휴대폰이나 태블릿으로 유튜브 보는 건 매우 주도적으로 하잖아요. 아이들뿐 아니라 사람들은 원래 그렇습니다. 좋아하는 건 주도적으로 하지만, 좋아하지 않는 건 주도적으로 하기 힘듭니다. 아이들이 왜 주도적으로 공부를 하거나 진로를 정하는 게 힘든지 이제 이해가 가시나요?

"우리 애는 하고 싶은 게 없대요."

정말 그럴까요? 생각해보면, 아이가 뭔가 되고 싶다고 했을 때 기승전 '공부'로 흐르지 않았나요? 의사가 되고 싶다고 해도 "그럼 공부하자"라고 하고, 요리사가 되고 싶다고 해도 "그래도 공부를 잘해야 해"라고 결론짓는 부모가 많습니다. 이 함정에 빠져본 아이들은 뭐가 되고 싶다고 말하는 걸 기피할 수밖에 없습니다.

견디는 능력을 키워주는 게 중요하다

그렇다면 진로를 선택하는 데 있어서 주도성이 아니면 뭐가 중요할까요? 많은 부모가 아이가 좋아하는 걸 직업으로 택하면 행복하게 살 거라고 생각합니다. 그런데 제가 상담을 하면서 아이들한테

"너는 뭐가 되고 싶어?"라고 물으면 두 가지가 제일 많이 나옵니다. 하나는 프로 게이머고, 다른 하나는 유튜브 크리에이터입니다.

그런데 아이들이 이게 하고 싶다는 건 정말 진지하게 생각해서 그걸 하겠다는 게 아니라 그냥 '나는 게임이 좋아', '나는 유튜브가 좋아'라는 뜻이에요. 그걸 통해서 수입을 얻는다는 것은 생각하지 않아요.

단지 뭐가 좋아서 직업으로 선택하는 건 현실적이지 않습니다. 진로 선택에 있어 무언가를 좋아한다는 건 일부 요인은 될 수 있지만 그게 절대적인 건 아닙니다. 뭔가를 직업으로 삼는 데 가장 필요한 건 힘들어도 견딜 수 있는 능력입니다.

그럼 다음 질문이 떠오를 겁니다. 우리 아이한테는 과연 그런 능력이 있을까요?

아이들의 뇌는 고등학교 2학년, 그러니까 만 18세가 넘어야 완성됩니다. 그 나이 전까지는 어느 정도까지 참고 견디고 힘든 것들을 해낼 수 있는지 알 수 없다는 거예요. 아직 뇌가 완성이 안 됐으니까요.

성인이 되어서 견디는 능력이 생긴 뒤에는 대학에서 한 가지를 택해 공부하게 되죠. 그렇지만 대학을 졸업한다고 해서 반드시 천직을 찾게 되지는 않습니다. 무엇을 선택해서 열심히 노력할 건지는 시간이 더 많이 흐르고 다양한 경험도 해봐야 하는 것 같아요.

초등, 중등 때는 그 나이에 맞게 학교 다니고 노는 정도만 하면 됩니다. 그 나이에 맞는 정도로 뭔가를 참고 견디는 훈련을 해보면서 사회성을 키우는 게 더 급하고 중요한 일입니다.

5부

초등 부모가 많이 고민하는 아이의 마음 질병

학교폭력을 겪은 아이, 정신과 상담 필요한가요?

초1 아들과 여섯 살 딸을 키우는 엄마가 상담을 요청해왔습니다. 아들이 초등학교에 입학한 뒤 같은 반 아이를 꼬집고 할퀸다는 말을 듣고 놀이치료를 받았다고 해요. 당시 놀이치료 선생님은 아이에게 별문제가 없어 보인다고 했지만 걱정이 되어 치료를 받았다고 했습니다. 집에서는 혼도 내고 매도 들면서 친구를 때리면 안 된다고 했는데, 알고 보니 상대 아이는 다른 친구들도 밀치고 때리는 아이였습니다. 결국 담임 선생님이 두 아이를 분리해주어서 이후로는 별일이 없었습니다.

어떤 엄마는 아이를 데리고 놀이터에 자주 갔는데 거기에서 아이 한 명을 알게 되었다고 해요. 그런데 상대 아이가 아이의 뺨을 때린 적이 두 번 있었고, 이후로도 폭력이 거듭되어서 결국 학폭위를 요청했습니다. 이후로 아이가 맞는 일은 없었지만 트라우마 반응이 심해 정신과 상담까지 진행했습니다. 화장실에서 맞은 적이 있어서 학교 화장실에 못 가고, 엄마나 아빠가 함께 가주어야 학교를 갑니다. 계속 두려워하는 아이를 보는 엄마는 마음이 아픕니다. 뭘 어떻게 해줄 수 있을까요?

싸우는 아이와는 분리하는 게 우선

우선 일반적인 경우를 생각해보겠습니다. 아이가 맞았다는 말을 하면 우선 객관적으로 상황을 파악하는 게 중요합니다. 남자애들은 서로 때리고 맞는 경우가 많아서, 맞았다고 해서 일방적으로 우리 아이가 맞았다고 생각하는 것은 조심해야 합니다.

그래서 아이 말만 듣고 무턱대고 상대 아이 집으로 달려가는 건 하지 말아야 합니다. 어쩌면 상대 아이가 더 많이 맞았을 수도 있거든요. 물론 아이를 위로해주는 건 필요하지만 조치를 취하기 전에 사실 확인을 반드시 해야 합니다.

만약 상대 아이가 주의력결핍과잉행동장애였다면, 무조건 때린 걸 문제 삼기 전에 문제해결을 생각해보는 게 도움이 돼요. 주의력결핍과잉행동장애를 겪는 아이들 중에는 다른 아이들을 때리는 경우가 잦은데, 의도가 있어 때렸다기보다 자기 몸을 주체할 수 없어서 그런 경우가 대부분이에요. 이걸 해결하려면 아이가 소아정신과 치료를 받아야 합니다. 이 경우는 무조건 학교폭력으로 신고하기보다는 상대 부모와 이런 점을 이야기하는 게 문제해결에 훨씬 도움이 됩니다.

행동이 충동적이고 공격성이 높아 보이는 아이가 놀이터에 나온다면 아이를 데리고 근처 다른 놀이터에 가세요. 문제가 발생하기 전에 물리적으로 아이를 분리해주는 게 좋습니다. 앞의 사례에서 선생님이 했듯 아이들을 분리해주면 많은 경우 상황이 호전됩니다.

아이에게 "너도 때려"라고 하는 부모도 있는데, 이건 기질이 순한 애들한테는 절대로 하면 안 됩니다. 이런 애들한테는 오히려 이런 말이 상처가 됩니다. 나는 괴롭힘을 당하면서도 대처를 못 하는 무능한 아이라는 느낌을 받거든요.

기질이 강한 아이에게도 그런 말은 위험합니다. 아직 어린 아이들은 나를 때리는 아이와 그렇지 않은 아이를 구별하지 못할 수 있어요. 누구든 방해가 된다 싶으면 무조건 손이 나갈 수도 있고, 아이의 폭력성을 자극할 수 있습니다.

또한 1~2학년 때까지는 신체적 공격과 언어적 공격을 구별하지 못해요. 예를 들어 다른 아이가 "내가 너 주먹으로 때린다"라고 했어요. 그럼 10분쯤 지나면 진짜 맞았다고 착각하기도 해요. 혹은 "너 바보야"라고 하면 때린 것만큼 타격을 받기도 합니다. 언어적 공격도 타격감이 엄청 큽니다. 그래서 저학년 때 이런 일이 생기면 상황을 잘 알아보고 행동해야 합니다.

아이가 피해를 당했다고, 화가 나서 학폭위를 열었다가 그 과정이 오히려 아이에게 트라우마가 되는 경우도 많이 봤습니다. 아이가 그런 일을 안 겪는 것도 중요하지만, 이미 그런 일이 생겼을 때 잘 대처해야 합니다.

때로 부모가 너무 흥분해서 상대 아이나 부모를 욕하는 일이 지속되면 아이가 2차 트라우마를 겪기도 합니다. 아이들은 자신이 직접 겪지 않아도 공격적이고 적대적인 말을 듣는 것만으로도 심적인 고통을 느낄 수 있어요. 그래서 부모가 차분하게 대응하는 게 필요합니다.

저는 부모끼리 싸우는 건 가능한 한 피해야 한다고 생각해요. 상대를 굴복시키고자 하는 분노가 생기기 시작되면 상대가 굴복하지 않으면 충족이 안 돼요. 그런데 내가 그렇게 하면 저쪽도 나를 굴복시키려고 할 겁니다. 그럼 어떻게 될까요? 자칫 잘못하면 몸싸움이 될 수도 있고, 소송까지 갈 수도 있어요. 아이 싸움이 이렇게까지 갈 필요가 있을까요? 저 같은 경우 아이들 싸움은 손해보지 않는 선에서 끝냅니다. 여기에 내가 시간과 에너지를 쓸 필요가 있나 스스로 질문해보세요.

불안해하는 아이, 적극적으로 보호하라

사태를 지켜보고 침착하게 대응하라는 말이 아이를 방치하라는 말은 아닙니다. 사례의 아이는 분명 폭력을 겪었고 많이 불안해하는 상태예요. 이런 경우 부모가 당연히 보호해야죠.

학교에 데려다주고 데리고 오면 아이가 훨씬 안심할 수 있고, 필요하면 교문이 아니라 교실까지 같이 가주는 것도 방법입니다. 그렇게 하면 다른 친구들이 아이를 쉽게 못 건드립니다. 엄마가 철저히 보호하는 걸 다른 아이들이 알게 되면 당장은 큰 도움이 돼요. 일하는 엄마라면 아이가 안정될 때까지 휴가를 내서라도 시간을 만들어야 해요. 그럴 여유가 없다고 생각할 수 있지만 중요한 시기를 그냥 넘기면 나중에 더 큰 희생이 필요할 수 있어요. 아이가 어느 정도 안정된 다음에는 다른 사람이 대신 아이를 보살펴도 돼요.

아이 입장에서는 나한테 이런 일이 생겼는데 부모가 나를 적극적으로 보호한다는 것만으로도 큰 위로가 됩니다. 아이들이 성인이 됐을 때 어떤 일이 트라우마가 되는 건 부모가 아무것도 몰랐다거나 그 상황에서 내 편을 안 들었을 때예요. 부모는 어떤 상황에서도 내 편이 되어줄 수 있는 마지막 안전기지입니다.

불안이 좀 더 심해지거나 전에 안 하던 행동을 하거나 평소에는 보이지 않던 양상을 보인다면, 그때는 전문가를 만나는 게 필요합니다. 이런 상황에 처했을 때 그렇게까지 해야 하나 고민하는 경우를 많이 보았는데 이런 일은 자주 일어나는 일은 아니에요. 그래서 아이가 잘 이겨낼 가능성이 훨씬 높지만 그래도 부모가 할 수 있는 대처는 다 하는 게 좋겠죠.

이런 일을 겪은 건 정말 안타까운 일입니다. 우리가 걱정하는 대부분의 일은 생기지 않는 게 최선이지만 세상일이 마음대로 되지는 않잖아요. 따라서 그런 일이 일어날까 전전긍긍하기보다는 어떤 일이 생겨도 부모로서는 잘 대응하고 아이는 잘 견딜 수 있게끔 키우는 게 중요합니다. 엄마도 상처를 많이 받겠지만, 이 일을 트라우마로 여기기보다는 후에 "내가 그때 그 일도 해결했잖아!"라고 말하는 자신을 떠올려보세요.

엄마라는 역할에는 맷집이 필요합니다. 아이한테 생기는 문제를 이성적이고 합리적이고 적극적으로 풀수록 맷집이 더 튼튼해집니다.

학교만 가면 말을 안 한다는데, 전학을 시켜야 할까요?

초등학교 1학년 남자아이를 키우는 엄마의 이야기입니다. 아이는 내향적이고 수줍음이 많은 성격이며 사립 초등학교에 다닙니다. 그런데 1학기 5월쯤 담임 선생님한테서 연락이 왔습니다. 아직 아이의 목소리를 들어본 적이 없다는 겁니다. 필요한 말은 선생님한테만 귓속말로 한답니다.

학교 추천으로 심리상담도 받고 있지만, 수개월이 지났는데도 여전히 선생님은 아이의 목소리를 들어본 적이 없다고 합니다. 수업 시간에 돌아가면서 한마디씩 하는 시간에 차례가 와도 이야기하지 못하고, 친구들에게도 말을 하지 않습니다.

사실 아이는 초등학교 입학에 필요한 어떤 것도 배우지 않고 사립 초등학교에 입학했습니다. 읽기, 쓰기가 서툰 건 둘째치고라도 실내화로 갈아 신는 것, 과목이 바뀌면 거기에 맞게 교과서를 꺼내는 것도 자기 손으로 하지 못해 첫날부터 겁에 질린 상태로 집에 왔는데, 다행히 지금은 학교생활을 잘하고 있어요.

아이는 1학기부터 다른 학교로 전학을 보내달라고 했습니다. 자기는 사립학교에 가고 싶지 않았는데 엄마가 가라고 해서 간 거라고 합니다. 1학년까지만 다녀보자고 했는데 여름방학 끝날 때쯤 되니 전학을 안 가도 될 것 같다고 했어요. 그렇게 2학기가 시작되었고, 학기 시작 후에 한 달쯤 있다가 또 전학 얘기가 나왔습니다.

한 달 만에 전학하는 것은 너무 성급한 것 같고, 학기 중 전학은 득보다 실이 많을 것 같다고 했습니다. 그리고 아이도 아침에는 전학을 보내달라고 했다가 오후에는 안 간다고 했다가 하면서 변덕을 부렸고요. 그렇게 12월이 되었습니다. 엄마가 "요즘 학교 어떠니?" 하고 물으면 "요즘엔 재미있어"라고 답하긴 합니다. 그렇지만 엄마는 과연 아이가 정말 재미있는 건지 모르겠습니다. 아이 자신도 발표를 잘하고 싶은데 입이 딱 붙어버린다고 속상해하는데, 어떻게 도와줘야 할지 답답합니다.

불안장애와 관련이 높은 선택적 함구증

이 사례를 보면서 저는 먼저 아이가 얼마나 힘들까 하는 안타까운 마음이 들었어요. 초등학교 1학년인 아이가 전학을 가고 싶다는 건 학교생활이 정말 버겁다는 표현이거든요. 전학을 보내달라고 했다가 안 가겠다고 했다가, 이렇게 왔다갔다 하는 것도 이해할 수 있습니다. 저녁에는 '이 직장 당장 때려치워야지' 하다가 아침에는 '뭐 어쩌겠어, 가야지' 하는 마음이 되는 어른이나 똑같아요.

말을 할 수 있는 아이가 하지 않는다는 건, 그 증상만 봐서는 '선택적 함구증'을 의심해볼 수 있습니다. 함구증의 이유는 여러 가지가 있는데, 주로 불안장애와 관련이 높습니다. 불안 수준이 높으니까 다수의 시선에 노출됐을 때 뭔가를 하는 게 어려운 거죠. 어른들 같은 경우에는 발표를 못 하는 정도인데, 아이들은 아예 입을 다무는 태도로 나타날 수 있어요. 이런 증상은 기질이 예민하고 불안 수준이 높은 아이들한테서 더 많이 나타나는 경향이 있습니다.

엄마도 나름대로 상담도 받고 여러 가지를 고려하려고 노력하는 것 같은데, 중요한 건 이 문제가 해결되지 않고 있고 아이가 계속 힘들어한다는 겁니다. 즉, 지금까지의 방법은 효과적이지 않았기 때문에 다른 방법을 고려해야 한다는 뜻이죠.

전학은 그 방법 중 하나입니다. 만약 학교의 특징 때문에 아이가 문제가 생겼다면 효과가 있을 겁니다. 그런데 선생님과도 문제가 없고 친구들하고도 특별한 문제가 없다면, 단순히 전학을 가는 것만으로 문제해결을 기대하기는 어렵습니다. 그리고 함구증은 환경이 원인이 아니기 때문에 대부분은 환경을 옮기는 걸로 해결되지 않아요.

아침에는 전학 보내달라고 그랬다가 오후에는 안 간다고 하는 건, 아침에 학교 갈 무렵에는 굉장히 긴장해서 전학을 가고 싶은 마음이 들고, 집에 올 때는 그게 끝났으니까 좀 긴장이 풀어지는 거죠. 또 전학을 가더라도 새로운 학교는 또 어떨지 예측할 수 없기 때문에 쉽게 결정할 수 없는 거예요. 그래서 전학은 이 문제의 핵심과는 관련이 없어 보입니다.

함구증을 해결하는 데 가장 효과적인 방법은 소아정신과 치료를 받는 겁니다. 함구증이라는 것도 하나의 장애에 속하거든요. 이건 의학적 문제이고 정신과적 장애에 포함되기 때문에 치료를 통해 증상을 없애야 해요. 그래서 병원에 가면 불안 수준을 낮춰주는 약물치료를 많이 합니다. 치료를 받으면 특정한 상황에서 100만큼 불안을 느끼다가 50으로 줄어들기 때문에 아이가 좀 편안하게 학교생활을 할 수 있을 겁니다. 자연스럽게 말도 하게 되고요. 그런 방식으로 치료되는 아이들을 많이 봤습니다. 지금이라도 가까운 소아정신과에 가서 진료를 받고 아이한테 맞는 치료를 받아봤으면 합니다. 1년이 끝나기 전에 좀 좋아지는 경험을 해야 아이가 다음 학년으로 올라가는 데 부담을 줄일 수 있습니다.

아이가 틱장애가 있는 것 같아요

틱이 있는 아이를 데리고 소아정신과에 오는 부모들이 많습니다. 틱장애가 무엇일까요? 자기도 모르게 어떤 소리를 낸다거나 아니면 움직인다거나 하는 걸 말합니다. 그래서 틱 증상을 보이면 일단 틱장애라고 진단을 내립니다.

틱은 다시 '운동 틱'과 '음성 틱'으로 나뉩니다. 각각의 특징은 다음과 같습니다.

첫째, 운동 틱입니다. 운동 틱 가운데 가장 흔한 것은 눈을 깜빡깜빡하는 겁니다. 속도나 빈도는 일정하지 않습니다. 그리고 콧등을 찡긋찡긋하는 틱이 있어요. 어깨를 으쓱하는 틱도 있습니다. 자연스럽게 양쪽 어깨를 올리는 게 아니라 한쪽만 으쓱으쓱 올립니다. 이런 게 대표적인 운동 틱입니다.

둘째, 음성 틱입니다. 음성 틱으로 제일 흔한 건 코가 막힌 것처럼 킁킁 소리를 계속 내는 거예요. 또는 가래가 낀 것처럼 목에서 소리가 나는 경우가 있습니다. 좀 특이한 경우에는 아이가 욕을 하거나 성적인 말을 하는 경우도 있는데, 흔하지는 않아요.

예를 들어 아이가 코가 막힌 것 같은 소리를 계속 내면 처음에는 비염이 생겼나 하고 이비인후과에 데리고 가겠죠. 그런데 계속 치료를 받거나 약을 먹어도 나아지지 않고 오래간다면 틱이 아닌지 의심해볼 필요가 있습니다.

틱이 있으면 무조건 장애일까요? 틱장애는 틱이 있느냐 없느냐에 따라 진단하기 때문에 증상이 있으면 일단은 장애에 해당합니다. 틱이라는 것 자체가 비정상적인 움직임이기 때문입니다. 그렇지만 모든 장애가 다 똑같은 정도로 문제가 되지는 않아요. 좀 심각한 게 있고 좀 덜 심각한 게 있죠. 장애라고 하면 부모는 가슴이 쿵 하고 내려앉겠지만 어떤 틱장애는 생활에 지장이 없어서 지켜봐도 되고, 어떤 틱은 빨리 병원에 가야 합니다.

음성 틱만 있거나 운동 틱만 있는 경우가 있습니다. 이런 경우에는 크게 심각한 건 아닙니다. 눈을 깜빡거리다가 코를 찡긋거린다거나, 한 아이가 여러 운동 틱을 보이더라도 전부 운동 틱이라는 점에서는 그냥 한 가지 틱이라고 봅니다.

운동 틱이나 음성 틱이 있다고 무조건 치료를 받아야 하는 건 아닙니다. 눈을 깜빡깜빡한다고 해서 일상생활에 지장을 주지는 않거든요. 그러니까 그 증상을 줄여서 없어지게 하는 게 그렇게 중요한 건 아닙니다. 그런데 틱 때문에 학교생활에 문제가 생길 수는 있습니다. 친구들이 놀린다든지 음성 틱 소리가 너무 커서 수업 시간에 지장을 준다든지 한다면 치료를 받아야겠죠. 그냥 틱이 있는 것만으로는 꼭 치료를 받으라고 권하지는 않아요.

제가 봤을 때 아이가 틱을 보인다고 다른 사람한테 피해를 주는 경우는 거의 없어요. 진단도 복잡하지 않아요. 틱 증상이 있기만 하면 틱장애 진단이 가능합니다. 그런데 부모는 아이의 틱을 계속 보거나 듣다 보니 과민해지고 불안해지고, 심지어 우울해지는 경우도 있어요. 엄마 눈에 보이니까 '저것만 안 하면 좋겠는데'라고 하는데 사실 아이는 그렇게 힘들거나 괴로운 상태는 아니거든요. 그러니까 좀 지켜봐도 됩니다.

운동 틱 + 음성 틱 = 뚜렛장애

그런데 운동 틱과 음성 틱을 동시에 보이는 경우가 있습니다. 이때 두 가지가 반드시 동시에 나타나는 건 아닙니다. 지난번에는 눈을 깜빡거렸는데 요즘 보니까 가래가 있는 것처럼 소리를 낸다면 음성 틱과 운동 틱이 동시에 있다고 보는 겁니다. 이럴 때는 틱장애

중에서도 '뚜렛장애(tourette syndrome)'라고 부릅니다. 뚜렛장애일 경우에는 그냥 틱장애보다는 훨씬 더 신경을 써야 해요.

틱장애와 뚜렛장애를 구별해야 하는 이유는 뚜렛장애는 다른 질병을 동반할 가능성이 크기 때문입니다. 뚜렛장애가 있어서 병원에 온 아이들을 검사해보면 주의력결핍과잉행동장애나 반항적 행동, 강박장애, 불안장애 등 틱과는 상관이 없어 보이는 문제를 가진 경우가 많습니다. 따라서 뚜렛장애가 있으면 다른 문제가 확실하지 않아도 일단은 정밀한 종합심리평가를 받아보는 게 좋습니다.

예를 들어 뚜렛장애는 주의력결핍과잉행동장애가 같이 있을 가능성이 큽니다. 그런데 주의력결핍과잉행동장애는 검사를 해보지 않으면 알 수 없습니다. 아이가 음성 틱도 있고 운동 틱도 있는데, 산만한 것 같기도 하고 아닌 것 같기도 하다면 종합심리평가를 받아봐야 확인할 수 있습니다.

혈압이 어느 날은 높고 어느 날은 낮더라도 일단 병원에서 진료를 받아보는 게 좋다는 걸 생각해보면 이해할 수 있을 겁니다. 고혈압이 있는 건지 일시적으로 흥분해서 그런 건지 알아봐야 하니까요. 마찬가지로 뚜렛장애에 동반될 수 있는 다른 장애 가능성을 살펴보는 게 좋습니다.

그럼 증상이 없어지면 검사를 안 받아도 될까요? 틱 장애의 특징은 증상이 저절로 심해졌다 나아졌다 하는 것이에요. 비유하자면, 달이 차고 기울기를 반복하는 것과 같습니다. 어떤 치료나 아무 외부적인 사건이 없어도 틱장애 증상이 오르락내리락하는 것이죠. 증상이 없어졌다고 해서 병이 나은 것은 아닙니다.

혼내지 말고 치료를 받으라

틱장애는 약물 치료를 주로 합니다. 틱장애의 발생이나 증상의 정도가 심리적 요인에 영향을 받을 수는 있지만 근본적으로 뇌의 신경 발달 과정에서 생긴 문제이기 때문입니다. 그래서 신경에 영향을 주는 약물을 투여하면 증상이 줄어들 수 있어요.

아이가 틱 증상을 보일 때 가족이 어떻게 대처하느냐도 중요합니다. 예전에는 아이가 틱 증상을 보이면 나쁜 습관이니까 고치라든지 참아보라고 많이 혼냈거든요. 그런데 절대 그렇게 하면 안 돼요.

틱은 자기도 모르게 그렇게 하는 거예요. 틱의 특징은 불수의적이라는 것인데, 손떨림이나 눈꺼풀 떨림이 생겼을 때 의지로 참기 어려운 것처럼 틱 증상도 참는다고 없어지지 않는다는 말입니다. 그런데 그걸 나쁘다고 혼내면 아이가 위축되고 긴장합니다. 그러면 이게 스트레스가 돼서 틱을 더 증가시킬 수 있어요. 그래서 온 가족이 아이가 틱이 있다는 걸 모른 척하는 게 제일 좋습니다.

조금 더 도움을 주고 싶으면 스트레스 관리를 해주세요. 틱은 스트레스가 심할 때 증가할 수 있습니다. 학원을 너무 많이 다니는 건 아닌지, 친구들과 싸우진 않는지 아이 주변을 둘러보고 스트레스가 될 만한 요소를 감소시켜주면 틱이 줄어드는 데 도움을 줄 수 있습니다.

요약하자면, 음성 틱과 운동 틱 두 가지 증상이 다 보이면 일단 종합심리평가를 받아보세요. 그리고 틱이 심해진다고 해서 너무 스트레스 받지는 마세요. 마지막으로, 아이의 행동을 절대 지적하지 말고 마치 그런 증상이 없는 것처럼 대해주세요.

아이가 주의력결핍과잉행동장애라면 어떻게 해야 하나요?

주의력결핍과잉행동장애는 주의 집중력 부족 증상과 과잉행동 증상으로 나뉩니다. 집중력이 부족한 부주의 증상은 사소한 자극에도 쉽게 산만해지고 집중을 잘하지 못하는 모습이라면, 과잉행동은 활동량이 좀 더 많고, 차례를 잘 지키지 못하거나 불쑥불쑥 끼어드는 모습을 주로 보입니다. 인구의 5~7퍼센트 정도가 주의력결핍과잉행동장애 증상을 보인다고 하니, 한 반에 한 명이 여기에 해당한다고 볼 수 있습니다. 초등학교에 가면 이런 아이들을 쉽게 볼 수 있는 것도 유병률이 높기 때문이에요.

주의력결핍과잉행동장애 아이들의 손은 의지와 상관없이 움직입니다. 자기도 모르게 상점에 진열된 물건들을 도미노처럼 쓰러뜨리기도 하고, 앞에 무언가가 나타나면 무의식중에 손이 나갑니다. 이건 혼낸다고 해결되지 않습니다.

우리 아이가 주의력결핍과잉행동장애인지 확인해보고 싶다면, 소아정신과에 가면 됩니다. 아동기 장애에 대해 진단을 내리고 치료를 하는 건 소아정신과 의사입니다. 따라서 일단 평가는 소아정신과를 방문해서 평가를 받고 지침에 따라 치료를 받으면 됩니다. 주의력 결핍 과잉행동 장애 때문에 우울증이 생겼다거나 부모-자녀 관계에 문제가 생기면 그냥 참지 말고 상담을 받는 게 도움이 됩니다.

주의력결핍과잉행동장애, 약 안 먹어도 괜찮을까

주의력결핍과잉행동장애 진단을 받으면 약물 치료를 합니다. 그런데 약물 치료를 해야 한다고 이야기하면 겁을 먹는 부모들이 많아요. 다른 방법은 없는지 묻는 경우도 많고요. 병이 심각하니까 약을 먹어야 한다고 생각해서 약 없이 해결하고 싶어하죠.

하지만 장애가 심각하니까 약을 먹어야 한다는 게 아니라 원인에 따른 치료를 한다고 생각하면 됩니다. 열이 나는데 소화제를 먹이거나, 소화가 안 되는데 해열제를 먹이지는 않잖아요. 주의력결핍과잉행동장애는 뇌 속 신경전달물질의 균형이 깨진 거거든요. 그래서 그 부분에 필요한 신경전달물질을 보완해주는 겁니다. 이게 약물치료예요. 당연히 효과가 있습니다.

놀이치료나 인지치료를 받는 경우도 있는데, 이것만으로는 집중을 잘한다거나, 행동이 차분해지기 어렵습니다. 놀이치료는 보통 정서 문제, 우울이나 불안 문제가 있는 애들한테 효과적이고, 인지치료는 학습장애나 경계선 지능 등의 증상을 도와주는 방법이에요.

물론 주의력결핍과잉행동장애가 정서 문제와 학습 문제를 동반할 수 있습니다. 그럴 때는 문제 해결에 도움이 되는 방법들을 쓰는 게 도움이 되긴 하지만, 주의력 자체를 호전시켜주지는 않습니다. 그래서 증상의 원인에 맞는 치료를 골고루 조합하는 게 가장 좋습니다.

만약 아이한테 공진단이나 총명탕을 하루에 하나씩 먹일 때 애가 똑똑해진다고 하면 매일 먹이지 않겠어요? 주의력결핍과잉행동장애 약도 내가 믿는 어떤 약과 마찬가지입니다. 다를 게 하나도 없어요. 정신과 약이라고 생각하지 말고 관점을 바꿔보면 어떨까요? 집중력에 효과가 있다고 입증됐으니까 그 증상을 나아지게 하고 싶으면 약을 먹이는 거죠. 가격도 저렴한 편입니다.

주의력결핍과잉행동장애인 아이에게 다른 치료 없이 양육에 변화를 주면 호전될 수 있을지 묻는 부모가 많습니다. 부모 때문에 정서가 불안정한 아이라면 관계가 호전되면 좀 더 차분해질 수 있어요. 정서적으로 안정되면 집중력도 나아질 수 있죠. 그렇지만 이런 경우는 집중력을 떨어뜨린 게 우울이나 불안이기 때문에 원인이 사라지면서 호전되는 것이지 주의력결핍과잉행동장애가 나아진 건 아닙니다. 이 장애는 다른 원인 없이도 주의력이 떨어질 때만 진단을 할 수 있고 치료의 효과를 볼 수 있습니다. 따라서 증상에 영향을 미치는 요인을 확인한 뒤 약물 치료와 다른 치료를 병행하면 약물 치료만 한 것보다 훨씬 효과가 좋다고 알려져 있습니다.

부모의 양육 태도도 주의력에 영향을 미치기는 합니다. 부모는 권위 있는 존재이기 때문에 부모가 어떻게 하느냐에 따라 행동과 태도가 많이 달라져요. 따라서 양육 태도를 바꾸면 아이의 행동이 어느 정도까지는 변화합니다.

그런데 아이에게 주의력결핍과잉행동 장애가 있는 경우 엄마가 태도를 바꾸는 게 쉽지 않아요. 아이가 산만하니까 화를 내게 되는 것이지 엄마가 참을성이 없거나 나빠서 실랑이하는 게 아닙니다. 아무리 순하고 다정한 엄마도 같은 일을 반복해서 겪게 되면 화를 내게 되니까요. 그래서 엄마가 달라지는 노력을 하되, 그 효과를 극대화하기 위해서는 아이의 약물 치료가 꼭 필요합니다. 정 고민이 되면 약물치료를 해보고 아닌 것 같으면 그때 중단하면 됩니다. 일주일 했다가 중단할 수도 있고, 한 달 했다가 중단할 수도 있습니다. 중단하는 건 언제나 가능해요.

주의력결핍과잉행동장애는 병이 아니다?

주의력결핍과잉행동장애가 병이라는 인식이 받아들여진 건 최근입니다. 우리나라의 경우 예전에는 소아정신과라는 게 없었고, 처음 소아정신과가 생긴 게 1990년대 후반이에요. 초반에는 주의력결핍과잉행동장애가 병이 아니라는 이론도 많았습니다. 그런데 어떤 증상이 병이라는 건, 그 증상이 건강에 영향을 미친다는 거고, 그에 맞는 치료를 받으면 증상이 좋아진다는 뜻입니다. 주의력결핍과잉행동장애 또한 그런 정의에 부합하기 때문에 단일한 질환으로 취급하는 겁니다.

우리 애가 주의력결핍과잉행동장애라는 걸 받아들이지 못하는 부모가 많습니다. 그런데 저는 부모보다 아이들 입장에서 이 문제를 보아야 한다고 생각해요. 아이들은 자기 입장을 말할 수 없잖아요. 아이에 대한 결정과 판단은 모두 부모가 해야 하는데, 주의력결핍과잉행동장애 증상을 가진 아이가 어떻게 어린 시절과 성인기를 보내는지는 아무리 부모라도 알 수 없습니다.

저는 많이 봤기 때문에 이 아이들 입장을 많이 알거든요. 그런 문제를 갖고 평생 살아간다는 건, 이를테면 다리 한쪽이 불편한 채 그게 정상인 줄 알고 살아가는 거예요. 잠재력이 높은 아이인데, 핸디캡 때문에 능력 발휘를 못한 채 살아가는 걸 그냥 둘 건지 생각해보면 답은 하나밖에 없다고 생각해요.

주의력결핍과잉행동장애 아이들을 평가하다 보면 이런 아이들을 키우는 게 어떤 건지 실감하게 돼요. 증상이 심한 아이들은 검사실에 들어온 뒤에도 의자에 앉지 않아요. 제가 책상 위에 연필, 지우개 등을 놓으면 그걸 순식간에 확 뺏어갑니다. 계속 다리를 흔들어 제 정강이에 부딪히기 때문에 계속 의자를 뒤로 빼다가 참을 수 없으면 한 번씩 가만히 앉아 있자고 말하게 돼요.

심한 경우 제가 아이의 손을 잡고 계속 눈을 보라고 하면서 말하는데 그러다 보면 저도 모르게 "가만히 좀 있자"라는 말이 나오더라고요. 그런 아이를 하루 종일 보는 부모님이나 교사는 얼마나 힘들겠어요. 참으려고 해도 자꾸 애를 혼내게 되는데 아이 입장에서는 어른들이 힘든 것과 비례해 혼이 나면서 산다는 게 됩니다.

이 아이들도 사랑받고 싶은 아이들이잖아요. 그런데 이 아이들이 아침에 깨서 잠들 때까지 보는 사람들의 표정은 어떨까요? 나는 그냥 내 몸을 움직이는 건데 하루 종일 엄마나 선생님은 인상을 쓰고 친구들도 날 피하고 따돌립니다. 환영받는 경험을 거의 못 하는 거예요. 그러면 아이는 '집에서도 학교에서도 맨날 나만 혼나', '선생님이 나만 미워해', 이런 생각을 하게 됩니다. 이런 아이들이 성장하면 피해의식이 커져요.

내 아이에게 문제가 있을 리 없다거나 장애를 인정하면 자존심이 상하니까 치료를 받지 않는다면, 아이에게는 건강하게 자랄 기회를 뺏는 게 됩니다. 좋은 엄마의 역할은 다정하게 보살피는 것보다 문제가 있을 때 이를 받아들이고 아이를 위해 최선을 다하는 데 의미가 있습니다.

아이가 자폐스펙트럼장애인지 걱정됩니다

연구에 따르면 우리나라에서는 2~3퍼센트 정도가 자폐스펙트럼장애(편의상 자폐증이라고 하겠습니다)라고 합니다. 50명 중 한 명꼴입니다. 한 학급을 30명으로 잡으면 두세 반에 한 명은 있다는 겁니다. 생각보다 훨씬 흔하죠. 이런 점을 생각하면 내 아이가 건강하게 크고 있는지 확인해보는 것도 중요하지만, 나와 다르더라도 더불어 살아가야 할 사람들에 대한 이해도 필요합니다.

먼저 자폐란 무엇인가에 대해 설명할게요. 자폐라고 하면 자기 안에 갇힌 상태, 자기만의 세계 안에 있다고 설명을 많이 하는데, 사실 이건 정확한 설명은 아닙니다. 엄밀하게 말하면 세상이나 사람들과 소통이 안 되는 겁니다. 단절되어 있으니까, 밖에서 보기에 뭔가 자기만의 세계가 있을 거라고 상상하는 것뿐입니다.

자폐는 심리적인 요인과는 무관한 복합적인 신경발달장애라고 이해하면 됩니다. 신경발달장애라는 건 태어날 때부터 신경학적으로 문제가 있어서 어떤 기능이 성장하지 않는 상태를 의미합니다. 예전에는 애정결핍이나 자극 부족과 같은 환경적 요인이 원인이라고 여겼는데, 연구가 많이 이루어지면서 선천적인 뇌 기능상의 장애라는 점이 밝혀졌어요. 자폐인 자녀를 둔 부모 중 내가 잘못 키워서 그런 건 아닐까 자책하는 분들이 많은데, 양육 방식과는 관계가 없습니다.

일단 자폐장애로 진단받으면 정도에 따라 특수학교에 가기도 하고 일반 학교에서 통합교육을 받기도 합니다. 요즘은 대부분 일반 학교에서 통합교육을 받아요. 필요한 교육을 계속 받는다 해도 성인이 된 후 세상을 살아가기 위해서는 사람들의 도움이 필요합니다.

자폐증의 두 가지 특징

아이를 키우다 보면 우리 애가 혹시 자폐는 아닌지 걱정되는 경우가 생각보다 많습니다. 아이가 자폐인지 아닌지 여부는 엄마가 정확히 알기 어려울 수 있어요. 어리니까 이런 행동을 보일 수 있지 않나 싶을 수도 있거든요.

저는 오랫동안 아이들을 봐왔기 때문에 자폐증의 전형적인 특징을 많이 봤는데요, 중요한 점은 한두 가지 행동만으로는 자폐인지 알 수 없고 전형적인 특징이 광범위하게 나타난다는 거예요. 자폐증인지 판단해볼 수 있는 기준을 알려드릴게요. 자폐증을 가진 아이들에게는 크게 두 가지 특징이 있습니다.

첫째, 의사소통이 어렵고, 사회적인 교류가 안 됩니다.

자폐의 특징이 의사소통과 상호작용, 그리고 관계 형성이 안 된다는 겁니다. 말을 주고받는다 하더라도 내가 A라고 말하면 거기에 대한 대답이 B가 오는 게 아니라 X가 온다든지 아예 중국어가 온다든지 하는 거예요. 요즘 말로 '티키타카'가 안 됩니다.

고등학생 자폐 아이를 본 적이 있습니다. 이 친구는 제가 무슨 질문을 하든 게임에 나오는 대사를 계속 읊어댑니다. 말을 이해할 수 있는 나이라면 아무리 어린 아이라도 "너 뭐 먹을래?"라고 물으면 거기에 대해 대답을 하잖아요. 그런데 이 친구는 질문 자체에는 관심이 없고 자기가 하고 싶은 말만 하는 겁니다. 자폐 아이 중에는 상대의 말을 똑같이 따라 하는 '반향증'을 보이는 경우도 있어요. 메아리처럼 내가 A를 말하면 똑같이 A를 말하는 겁니다. 이 또한 자폐의 특징적인 모습이므로 반향어가 잦다면 자폐증을 의심해볼 수 있어요. 제스처를 사용한 소통도 잘하지 못합니다. 놀라는 표정, 아픈 표정 등이 뭔가 부자연스럽게 나올 수 있어요.

또 다른 사람에 대한 관심이 없습니다. 즉, 다른 사람을 '생각하고 느낄 수 있는 존재'가 아니라 하나의 매개체로만 봅니다. 따라서 자폐 아이가 나를 볼 때는 책상이나 시계처럼 본다는 느낌을 받을 수 있어요. 놀이터에 갔을 때 친구들 무리에 끼지 못하고 주변을 빙빙 도는 아이들이 자폐일 가능성은 낮습니다. 다만 옆에 다른 애가 있건 없건 자기 관심사에만 집중하는 경우 자폐 가능성이 높다고 이해하면 됩니다.

둘째, 반복적이거나 의미 없는 행동을 계속합니다.

'상동행동'이라는 게 있습니다. 상동행동은 같은 행동을 반복하는 거예요. 예를 들면 빨간 컵에서 노란 컵으로 물을 붓고 노란 컵에서 다시 빨간 컵으로 물을 붓는 걸 계속할 수도 있습니다. 블록을 일렬로 쫙 늘어세우는 경우도 많습니다. 자폐 아이 중에는 이처럼 똑같은 패턴의 행동을 반복하는 경우가 꽤 있습니다.

또한 일상에 대한 집착이 심해서 변화를 싫어합니다. 예를 들면 아파트를 나가서 항상 오른쪽으로 갔는데, 어느 날 엄마가 왼쪽으로 가면 거부합니다. 옷도 항상 흰 티셔츠를 입었으면 그 옷만 고집할 수 있고요. 이런 식으로 뭔가 변화에 대해서 그냥 울고 떼쓰는 정도가 아니라 정도가 심한 거부감을 보이는 경우가 많습니다. 음식에 대해서도 그럴 수 있습니다. 빨간 색깔의 음식을 안 먹는 아이도 있고, 물컹거리는 식감을 가진 음식을 안 먹는 경우도 있어요.

특정 감각 자극에 대한 과민 반응도 자폐 특징 중 하나입니다. 청소기 돌리는 소리나 세탁기 소리만 들어도 귀를 틀어막고 고통스러워할 수 있어요. 백화점 불빛 때문에 울 수도 있습니다. 그래서 아이가 소리나 빛에 과도하게 힘들어하면 일단 그 자리를 피해야 합니다. 아이가 싫어하는 걸 억지로 시키지 않는 게 중요합니다.

자폐증을 빨리 파악하는 법

자폐가 의심되면 소아정신과에 가서 심리 검사를 받아보면 됩니다. 말이 늦게 트이거나 인지 발달이 늦으면 조금 빨리 알아차릴 수 있는데, 언어 발달이 정상이거나 인지가 우수한 아이들은 꽤 나이가 들 때까지 자폐 양상이 있는 걸 모르는 경우가 많아요.

학습은 우수한데 고집이 너무 세다거나, 규칙이 분명할 때는 잘하는데 또래와의 관계에서 소통이 원활하지 않은 경우가 있습니다. 어린이집과 유치원, 학교에 다니긴 하는데 뭔가 적응을 못 하는 것 같은 모습이 있고, 좀 더 지나면 친구를 못 사귄다는 핵심 양상이 나옵니다.

지능이 높은 자폐 아이 중에 군대에 가서 문제를 겪는 아이들도 많아요. 자폐증 같은 경우는 집단생활에 적응을 못 하기 때문에 빨리 진단을 받아서 군 생활이 적합한지 확인하는 게 중요합니다. 그러기 위해서는 최대한 일찍 파악해야겠죠.

두 돌에서 세 돌 정도면 자폐의 특징이 눈에 띄기 시작합니다. 어릴수록 호명 반응과 눈맞춤으로 좀 쉽게 감별할 수 있습니다.

말을 못 하는 아기들도 까꿍 놀이에는 반응을 보이고 엄마를 쳐다보잖아요. 자폐증 아이들은 엄마를 응시하는 게 아니라 시선이 엄마를 그냥 스치고 가버립니다. 엄마의 표정을 보고 기분을 알아차린다거나 낯선 사람과 익숙한 사람을 구별하는 게 잘 안 돼요. 시선이 마치 물체를 스치듯 지나가죠. 눈 맞추기가 안 됩니다.

또 호명 반응은 이름을 불렀을 때 대답을 하거나 쳐다보는 반응인데, 대답하거나 쳐다보는 빈도가 매우 적습니다. 특히 뭔가에 몰입했을 때는 이름을 불러도 거의 대답을 안 하거나 아주 드물게 대답합니다.

증상이 뚜렷하게 눈에 띄는 건 초기 아동기부터입니다. 집단생활이 시작되면 선생님에게서 아이가 교우 관계에 문제가 있다는 말을 들을 수 있습니다. 그런데 이 증상이 아동기에 시작된다고 아동기 장애는 아니에요. 뇌신경 발달의 장애이기 때문에 출생 시에 시작되어 지속되는 겁니다. 커가면서 일부 보완될 수 있지만 대체로 그런 특징을 갖고 살아간다고 이해하면 됩니다.

자폐를 가진 아이들에게 가장 힘든 것은 당연히 사회생활과 대인관계입니다. 학습 기회를 놓칠 가능성도 크고, 또래와의 상호작용이 제한되기 때문에 고른 발달이 어렵습니다. 사회에 나가기 어려운 정도로 명백한 문제를 보이는 경우도 많고요. 85퍼센트 정도가 성인이 돼서도 독립적인 생활이 불가능하다고 합니다. 그래서 평생 보호자를 포함한 주변의 도움을 필요로 합니다.

자폐증이 어떤 건지는 자폐가 아닌 아이들을 키우는 부모도 알고 있어야 합니다. 아이가 학교에 갔는데 어떤 친구가 좀 이상하다고 말할 때, 그 아이가 말썽꾸러기라고 생각하지 말고 어려움을 갖고 있을 수 있다고 생각해야 해요. "만약 그 아이가 너를 괴롭히면 선생님한테 얘기하고, 괴롭히지 않으면 친절하게 대해주렴"이라고 얘기해주세요. 그 아이를 절대 놀리거나 괴롭히지 말라고도 가르쳐줘야 합니다.

자폐증 아이들이 성장 과정에서 우울장애를 겪는 경우가 흔합니다. 외부로부터 계속 부정적인 평가를 받으면 우울장애가 생길 가능성이 당연히 높겠죠. 청소년기 이후에 우울증을 보이게 되면 자폐 여부를 감별하는 게 더 어려워집니다. 일본에서는 밖에 나오지 않고 집에서만 지내는 이를 '히키코모리'라 하는데, 이들 중에도 자폐증을 가진 사람이 상당수 있습니다.

내 아이가 이런 특징을 보인다면 빨리 전문가와 의논해서 아이한테 맞는 교육과 환경을 제공할 필요가 있습니다. 내 아이가 건강하다면 그런 친구들에 대해서 좋은 태도를 보이도록 교육하는 것도 정말 중요합니다. 특히 이런 아이들은 타인의 감정을 전혀 모르기 때문에, 마음을 알아주지 않으니 나쁜 친구라는 말은 가능한 쓰지 마세요.

발달장애 아이에게 장애 진단이 필요할까요?

두 아이를 키우는 엄마가 있습니다. 그런데 둘째인 세 살 남자아이가 경증 언어및인지발달장애, 정신지체라는 소견과 함께 장애 등록과 통합반 또는 특수학교를 고려하라는 말을 들었습니다.

엄마는 마음이 복잡합니다. 남보다 약간 늦을 뿐인데 그걸 기다려주지 못한 내가 문제라는 생각이 드는가 하면 한편으로는 필요한 추가 진단과 프로그램을 안 해줘서 결정적인 시기를 놓치는 게 아닌지 걱정입니다. 그리고 여섯 살짜리 첫째 아이는 또 어떻게 같이 돌봐주어야 할지도 고민입니다.

상담을 하다 보면 이런 사례를 많이 봅니다. 발달장애 아이와 건강한 아이를 함께 키우는 부모의 경우죠. 사실 발달이 지연된 아이들은 기관 치료나 학교 프로그램을 이용하면 어느 정도 방향이 정해지는데, 건강한 다른 형제는 부모가 어떤 마음을 갖고 대해야 하는지, 어떻게 양육해야 하는지 고민이 많습니다.

건강한 형제에게 약속이 담긴 설명을 하라

형제한테 어떤 장애가 있고 혼자의 힘으로 생활하기 어려운 경우, 건강한 형제는 심적으로 큰 책임감 때문에 더 위축되거나 울적해질 가능성이 있습니다. 한 아이가 충족시키지 못하는 기대까지도 자신이 충족해야 한다는 부담감을 갖기도 하고, 부모가 자기도 모르게 그런 기대를 투사하는 경우도 꽤 많습니다.

첫째가 여섯 살이라 아마 놀아달라거나 자기 말을 들어달라고 할 때가 많을 거예요. 왜 동생한테만 관심을 쏟느냐, 왜 동생한테만 뭔가를 해주느냐고 할 수도 있고요. 엄마는 "동생부터 해주고"라거나 "동생한테 해줘야 하니까"라고 얘기해야 하는 상황도 많을 것 같아요. '네 동생(혹은 언니, 형, 누나, 오빠)은 이러이러하니까, 그래서 우리가 얘를 먼저 돌봐줄 수밖에 없다'고 설명할 수도 있겠죠. 많은 부모가 이런 설명이 아이에게 당위성을 전달해줄 거라고 생각해요.

그런데 이런 설명은 도움이 안 돼요. 아이들이 듣고 싶은 설명은 '지금은 이러저러해서 바쁘지만 엄마가 (몇 시 혹은 이게 끝나면) 언제는 해줄 수 있다'는 겁니다. '내가 필요한 걸 지금은 아니지만 언제 받는다'는 걸 알고 참는 것과 무조건 참는 것 사이에는 큰 차이가 있어요.

그러니까 부모는 내가 언제 이 아이와 뭘 할 수 있는지를 정확하게 정하고 그걸 우선적으로 설명해야 합니다. 설명의 포인트를 이렇게 바꿔보세요. 그리고 그렇게 한 약속은 지키는 게 중요합니다. 그래야 아이가 자기도 사랑받는다고 느끼고, 동생으로 인해 피해를 본다는 마음을 갖지 않고 성장할 수 있습니다.

장애 진단은 낙인이 아니라 도움의 계기

이 사례에서 장애 등록과 특수교육, 통합반, 특수학교를 고려하라는 얘기를 들었다고 했죠. 이런 이야기를 들으면 많은 엄마들이 비슷한 생각을 합니다.

'일단 장애인 등록을 하면 진짜 장애인이 되는 거잖아. 나중에 혹시 나아질지도 모르는데 이런 게 발목을 잡지 않을까?'

그러면서도 그걸 안 하자니 아이에게 필요한 걸 안 해주나 싶어서 복잡한 마음이 들 겁니다.

그런데 장애 진단은 계속 유지되는 게 아니라 일정 기간마다 재판정을 받아야 합니다. 그러니까 장애 진단을 받아서 생길 수 있는 문제는 없고, 제때 받지 않으면 필요한 혜택을 받을 수 없게 됩니다.

명심해야 할 건, 지연된 발달을 보이는 부분에 내해 자극이 꼭 필요하다는 것입니다. 전문적인 재활치료가 필요해요. 그래야 나아질 가능성도 커집니다.

일반적으로 아주 어렸을 때 많이 받는 게 언어치료입니다. 그리고 감각통합치료, 놀이치료 등도 받을 수 있습니다. 이와 관련된 정서적인 어려움도 동반될 수가 있는데, 이런 경우 소아정신건강의학과에서 우울이나 불안장애가 있는지 평가받는 것도 중요합니다. 치료나 교육을 받을 때는 치료나 교육시간과 양이 아이에게 적절한지 부모도 도움을 받아야 할 문제가 있는 건 아닌지도 확인할 필요가 있어요. 이런 과정을 거치면서 미래에 대한 고민과 현실적 부담이 가중되면 장애 판정에 대한 고민이 생깁니다.

장애인 등록은 장애의 종류에 따라 필요한 것들이 있는데 그 비용의 일부를 국가가 제공해주기 위한 제도입니다. 예를 들어 특수교육이 필요한 자폐장애나 지적장애의 경우 교육비를 지원하거나 신체장애자에게 필요한 재활치료나 기구를 국가에서 일부 보조를 해줍니다. 여력이 되는 한 할 수 있는 걸 다 해보는 걸 추천합니다. 장애 진단을 낙인이라고 생각하지 말고, 무엇을 도움받을 수 있는지에 대한 최대한의 정보를 얻고, 전문가에게 최고의 정보를 구한다는 마음으로 시도해보세요.

소아정신과와 약물 치료에 관한 오해

최근에도 약물 치료를 꺼리는 부모가 있지만, 예전에는 아이들에게 정신과 약을 먹인다는 걸 상상조차 못 하는 부모가 대부분이었습니다. 아이가 왜 이러는지 고민돼서 병원에 데려왔다가 약을 먹어야 한다고 하면 깜짝 놀라면서 도로 가는 사람도 있었고요. 약을 먹여야 될 것 같다고 얘기하면 생각해보고 오겠다든지 남편하고 의논해보겠다고 하고는 안 오는 사람이 반 이상이었습니다.

다행히 최근에는 인식이 많이 바뀌었습니다. 인터넷 덕분인지 약물 치료에 대해 미리 공부도 하고 정보를 많이 알아보고 오더라고요. 심지어 치료자가 말하기도 전에 "약을 먹여야겠죠?"라고 말하는 사람도 있습니다.

아무리 그래도 부모 마음이란 게, 막상 아이에게 약을 먹이라고 처방받으면 이런저런 걱정이 되게 마련입니다. 제가 한 30년 동안 임상을 하면서 엄마들이 주로 하는 약물 치료에 대한 걱정을 정리해보았습니다.

"아이한테 정신과 약을 먹여도 될까요?"

약물치료와 관련해서 부모들이 제일 많이 하는 게 이 질문입니다. 정신과 약을 먹는다는 것은 소화가 안 되어서 내과에 가서 소화제를 처방받고, 열이 나서 해열제를 처방받는 것과 똑같아요. 증상에 따라 과를 선택해서 증상에 맞는 약을 처방받고, 그걸 먹으면 병이 낫는 거죠. 그럼에도 불구하고 다른 과 약에 비해 정신과 약을 꺼리는 건 정신과에 대한 편견 때문인 것 같습니다. 많은 사람이 정신과 장애라고 하면 조현병이나 조울증 같은 심각한 장애를 떠올립니다. '그런 사람들이 먹는 약이니까 얼마나 독하겠어'라는 인상을 갖게 되고, 자연히 '아이한테 그렇게 독한 약을 먹여도 돼?'라는 식으로 생각이 흘러갑니다.

그런데 정신과도 다른 과와 마찬가지로 다양한 종류의 병이 있고 약도 다릅니다. 내과에 가서도 장염인지 간경화인지 위암인지에 따라 치료 과정이 다 다르잖아요. 병이 중하면 중할수록 약의 용량도 늘어나고 효능도 강해야 하죠. 어떤 약은 독하거나 부작용이 심하기도 합니다.

정신과도 마찬가지입니다. 공황 증상이 있을 때 먹는 신경 안정제가 있는가 하면, 수면제도 있고, 알코올 중독이 심한 사람에게 술 마시고 싶은 갈망을 줄여주는 약도 있습니다. 이런 약들은 모두 안전성이 확인된 것입니다. 몸에 좋지 않다고 여겨지면 그걸 사람들한테 쓸 수 없겠죠. 오랜 임상 연구를 통해 위험이 제거됐다고 이해하면 됩니다. 그러므로 약을 먹어서 문제가 될 수 있다는 막연한 걱정은 하지 않아도 됩니다.

"부작용은 없나요?"

약의 효능보다는 약의 부작용에 대해 더 걱정하는 사람이 많습니다. 누가 부작용이 있더라고 하면 그것만 기억에 남고 그 약을 왜 먹어야 하는지는 잊어버립니다. 그런데 약국이나 마트에서 마음대로 살 수 있는 진통제만 해도 사용 설명서를 보면 부작용에 대해 경고하고 있습니다.

그러니까 모든 약에는 부작용이 있을 수 있습니다. 다만 부작용이 생기더라도 큰 문제는 되지 않고 효과가 더 크기 때문에 복용하는 거죠. 정신과 약도 효과와 함께 부작용이 생길 수도 있습니다. 주의력결핍과잉행동장애 같은 경우 치료제를 먹으면 식욕 저하를 겪는 아이들이 있습니다. 다 그렇다는 게 아니라 어떤 아이들은 그럴 수도 있다는 거죠.

그런데 부작용 때문에 어떤 손상이 남는 건 아닙니다. 약을 복용할 때만 나타났다가 약을 끊으면 부작용도 다 없어집니다. 예를 들어 약을 먹었을 때 식욕이 떨어지더라도 그다음 날 약을 안 먹으면 바로 식욕이 돌아온다는 거죠. 그러므로 일단 약을 먹여보고 부작용이 심하면 약을 바꾸거나 용량을 조절하는 식의 대처를 하면 됩니다.

"약에 중독되면 어떡하나요?"

중독에 대한 질문도 정말 많이 합니다. 정신과에서 처방받아서 먹는 약 중에서 중독 위험이 있는 건 거의 없습니다. 마약성이나 중독 위험성이 있는 소수의 약은 철저하게 관리됩니다. 이를테면 수면제 중에 매스컴에 자주 등장하는 졸피뎀이라는 약이 있어요. 매스컴만 보면 마약처럼 해로운 약이라 먹으면 큰일 날 것 같은 인상을 주지만, 우울증 환자에게는 고마운 수면제입니다. 이런 약은 한 번에 처방받을 수 있는 용량이 있습니다. 하루에 먹어도 되는 총량을 제한하는데, 이 정보는 전국 어느 병원에서나 조회가 되기 때문에 정량 이상으로 처방을 하면 병원이 처벌받게 되어 있어요.

어떤 약을 계속 먹는 것 자체를 중독이라고 생각하는 사람도 있는 것 같습니다. 그런데 중독의 의미를 정확히 아는 게 중요한 것 같아요. 중독이란 단순히 어떤 약을 계속 먹는 걸 가리키는 게 아닙니다. 똑같은 효과를 보기 위해서 점점 양을 늘리는 내성이라는 현상이 나타나야 합니다. 술을 처음에 한 잔만 마시다가 그다음에는 한 병을 마셔야 같은 효과가 나고, 그다음엔 두 병을 마셔야 하고, 이런 식으로 계속 늘어나는 과정이 있어야 중독입니다. 또 중독의 또 다른 중요한 특징은 금단 증상입니다. 중독 물질을 끊었을 때 고통스럽고 심지어 죽을 수도 있는 게 금단 증상입니다. 내성과 금단 증상이라는 두 가지 특징이 반드시 나타나야 중독인데, 병원에서 처방하는 약들에 그런 현상이 있다면 임상시험을 통과하지 못합니다. 그러니까 중독에 대한 걱정은 할 필요가 없습니다.

정신과 진료 기록이 있으면 문제가 되지 않을까요?

정신과 치료를 받았다는 기록이 남으면 나중에 불이익을 당하지 않을까 걱정하는 사람도 있습니다. 뭐가 걱정되냐고 물으면 아이가 나중에 직장에 취업할 때 건강검진을 받을 텐데, 그때 이런 기록을 내야 하는 것 아닌가 걱정하는 거죠. 그러나 진료 기록은 본인이 아니면 절대로 열람할 수 없습니다. 불법이에요.

그럼 약물 치료를 왜 해야 할까요? 간단히 말하면 증상이 뇌에 있는 특정 화학물질과 관련된 것이기 때문에 약물 치료를 하는 겁니다. 약물 치료가 상담보다 무조건 효과가 좋다는 의미는 아니에요. 우리 신체, 특히 뇌 속에 있는 어떤 물질의 균형이 떨어졌을 때 정신적 문제가 생기거든요. 그러니까 거기에 그 물질의 균형을 맞춰주는 약을 넣어주는 거죠. 예를 들면 유지방을 분해하는 효소가 덜 나오면 계속 설사를 하니까 강장제를 먹잖아요. 이와 같은 원리라고 이해하면 됩니다.

정신장애든 신체적 장애든 모든 장애에는 원인이 있습니다. 가장 큰 건 생물학적 원인입니다. 이를테면 무거운 물건이 떨어져서 몸에 맞으면 뼈가 부러질 수 있겠죠. 스트레스를 많이 받고 면역 기능이 떨어지면 대상포진 같은 게 생길 수 있겠고요. 지나치게 짜고 맵게 먹다 보면 위에 부담이 되어서 위궤양이 생길 수 있습니다.

이런 것들은 나의 신체 중 취약한 부분을 공격하기 때문에 생기는 증상입니다. 호르몬이나 신경전달물질 같은 것들이 변화되어서 정신과 장애가 생기므로 거기에 직접 영향을 미치는 약물 치료를 하는 겁니다.

정신과적 장애의 원인은 다양합니다. 전문가들은 크게 생물학적 원인과 환경적 요인으로 나눕니다. 예를 들면 직장 상사가 너무 괴롭혀서 우울증에 걸렸다면 환경적 요인이 크겠죠. 아이가 우울 증상이 있는데 부모 자녀 간에 갈등이 심하다거나 부모가 맨날 싸운다거나 하는 환경 때문에 아이가 위축이 됐다면 약물 치료와 상담을 병행하면 좋습니다. 환경을 변화시키고 가족 관계가 회복된다면 훨씬 도움이 되겠죠. 문제의 원인을 찾아서 거기에 맞는 해결법을 찾으면 됩니다.

그러나 정신과 장애 중에서도 조현병, 조울증, 주의력결핍과잉행동장애 등은 생물학적 요인이 훨씬 더 큰 영향을 미치므로 약물 치료를 해야 합니다. 약물 치료의 장점은 증상이 효과적이고 빠르게 감소한다는 거예요. 주의력결핍과잉행동장애의 경우 약을 먹고 30분에서 한 시간쯤 지나면 차분해집니다. 그래서 많은 부모가 마법 같다고 얘기하기도 합니다. 약의 캡슐이 터지면서 그 안에 있는 성분들이 뇌의 어떤 물질에 작용하고 그다음 과정들에 영향을 미치는데, 그 화학적 과정이 30분 정도 걸립니다. 항불안제도 효과가 빨리 나타납니다. 30분 내에 좀 차분해지고 불안이 가라앉아요. 항우울제도 종류가 많은데, 시간이 오래 걸리는 경우도 있지만 대부분은 열흘 정도면 조금씩 기분이 나아지는 걸 경험할 수 있어요.

만약 치료자가 가늠한 시간이 지나도 별로 효과가 없다면 용량을 올리거나 약을 바꾸는 식으로 변화를 시도해볼 수 있습니다. 그래서 약을 먹으면 웬만한 증상은 좋아집니다. 다른 방법을 쓰는 것보다 훨씬 빠르고 효과적으로 증상을 줄여줍니다.

약물 치료의 또 다른 장점은 재발 관리를 하기 좋다는 것입니다. 예를 들어 우울증으로 치료를 받고 증상이 좋아졌다고 해보죠. 만약 그 후에 재발을 하면 바로 같은 병원에 가서 같은 약을 처방받아 복용하면 됩니다.

상담은 사고의 습관이나 생활방식을 바꾸어 재발을 방지하고 새로운 대처법을 개발한다는 점에서 상당한 효과가 있습니다. 우울증을 치료하려면 약을 먹고 상담자를 찾아갈 정도의 에너지를 얻어 상담을 통해 삶의 변화를 시도하라는 말이 있을 정도예요. 그렇지만 상담으로는 원인과 해결책을 찾는 데 시간이 많이 걸릴 수도 있습니다. 시간이 너무 많이 지나가면 치료를 해야 하는 적정 시기를 넘길 수도 있어요. 그 문제를 해결할 만한 방법을 찾았다고 해도 너무 시간이 오래 걸리면 치료 효과가 떨어집니다. 그렇기 때문에 상담을 받더라도 약을 같이 먹으면 훨씬 더 효과적입니다.

비용도 궁금해하는 사람이 많습니다. 비용을 무시할 수는 없죠. 일반적으로 상담을 받을 경우 한 번에 한 5~6만 원에서 많으면 20만 원 정도까지 지불합니다. 그러면 한 달에 30~40만 원 정도가 될 텐데, 사실 적은 돈은 아닙니다. 이에 비해 약은 종류에 따라 차이는 있지만 한 달에 10만 원을 넘는 경우가 별로 없습니다. 대부분 보험이 적용되기 때문이에요. 그래서 상담 치료에 비하면 비용이 덜 들면서 효율성이 높은 치료라고 할 수 있습니다.

그럼 약물 치료는 어디에서 받아야 할까요? 아이들이 심리적 문제를 가질 때 치료는 소아정신과에서 합니다. 동네에 소아정신과가 없다고요? '소아정신과'라는 간판이 붙은 곳은 많지 않은 게 사실입니다. 왜일까요? 의대를 졸업하고 인턴과정을 마친 의사가 4년 동안 레지던트로 수련을 끝내면 일단 정신과 의사가 됩니다. 그리고 그 후 아동을 치료하는 훈련을 2년간 더 받아야 소아정신과 의사라고 부릅니다. 그런데 소아정신과라고 쓰면 아이들만 보는 것으로 오해할 수 있으니 그냥 정신과라고 하고 소아를 같이 보는 경우가 많아요. 인터넷에서 '정신과'를 찾으면 집 근처 병원이 쭉 나올 거예요. 그러면 병원 홈페이지에 들어가서 의사 이력을 보세요. 이력 중에 '소아 청소년 수련'의 이력이 기록되어 있으면 소아정신과 전문의입니다.

마지막으로 아주 중요한 걸 한 가지 더 설명하겠습니다. 아이를 병원에 데리고 가서 "선생님 우리 애가 산만해요. 공부에는 관심도 없어요. 집중력이 떨어지는 것 같아요"라고 말한다고 해서 무조건 약을 주는 건 아닙니다. 진단을 해야 합니다. 그런데 아이들의 심리적인 상태를 객관화하기는 어렵습니다. 엄마가 하는 것도 힘들어요. 아이 마음속에 들어가볼 수 없으니까요. 그래서 아이들은 종합심리평가를 먼저 받고 그 결과에 따라서 진단을 내리고 처방을 하게 됩니다.

저도 임상심리 전문가인데요, 수없이 많은 심리평가와 상담을 하면서 약물 치료를 받은 아이들이 얼마나 좋아지는지 많이 봤기 때문에 이 과정을 강하게 추천합니다. 이 아이들이 커서 청소년이 되고 성인이 되었을 때 완전히 다른 사람이 되는 걸 봤어요. '그때 엄마가 병원에 안 데리고 왔으면 진짜 큰일 날 뻔했구나' 하는 생각이 드는 아이가 정말 많았습니다.

'우리 아이가 좀 문제가 있는 것 같은데'라고 느껴진다면 더 늦기 전에 아이한테 필요한 조치를 취하세요. 치료는 엄마가 힘들어서 하는 게 아니거든요. 아이를 건강하게 성장하도록 도와주기 위해서 하는 겁니다. 엄마가 볼 때는 '쟤가 왜 저러지, 문제가 있나'라는 생각을 간혹 하는 정도의 문제라도, 아이는 하루하루를 큰 괴로움 속에서 보낼 수 있어요. 산만한 아이라면 선생님한테 얼마나 많이 혼날까요. 그리고 친구들한테 몇 번이나 거절을 당할까요. 아이 입장에서 생각하면, 엄마가 망설일 일은 아닌 것 같습니다.

엄마가 보는 아이의 모습이 전부는 아닙니다. 보육기관이나 학교에 다니는 아이들이 거기에서 지내는 동안 편안하고 즐겁게 시간을 보내는지, 아니면 매일같이 지적받고 거부당하면서 지내는지를 잘 살피고, 전문가의 도움이 필요하다면 망설이지 말길 바랍니다.

안 좋은 경험도 해봐야 좌절내구력이 자랍니다

아이들은 서로 다르면서 서로 같습니다. 책 속의 이야기가 다 내 아이 이야기 같다가 어느 순간 전혀 아니라는 느낌을 받을 수 있는 건 이런 이유 때문이죠. 이 책의 내용은 60~70%의 아이들에 해당하는 것이라는 점을 먼저 밝힙니다. 아이를 만나보지 않은 상황에서 질문받았을 때 대답할 수 있는 일반적인 내용이라는 거죠.

에필로그의 첫머리에 이런 글을 쓰는 이유는 많은 분들이 이런 질문을 하게 될 거라는 예상 때문입니다. '이 부분은 우리 애한테는 맞지 않는 것 같은데요. 애들마다 다른 것 아닌가요? 이대로 했다가 잘못되면 어떻게 하죠?' 이런 의문이 떠올랐다면 고민할 필요는 없습니다. 우리 아이가 이 책의 내용에 맞지 않을 가능성이 30~40%

는 되니까요. 이런 아이들을 이해하려면 전문가가 아이와 부모를 직접 만나서 성장 과정도 알아보고, 대화도 해보고, 부모와 아이가 어떤 방식으로 상호작용하는지도 살펴보아야 합니다.

이렇게 모든 아이들에게 맞는 것은 아닌데도 불구하고 한 전문가의 경험을 책으로까지 엮은 것은 양육의 지향점이 누구에게나 같기 때문입니다. 바로 성장이죠. '아이를 키운다'에서 키운다는 말은 단어 그대로 성장을 의미해요. 모든 걸 부모에게 의존하던 아이를 성장시켜 스스로의 삶을 온전히 책임지는 성인이 되도록 하는 게 부모의 역할이죠. 기어다니던 아이가 걷고, 단어를 모아 문장을 만들고, 자기만 알던 아이가 남의 입장을 배려할 때 가슴이 뿌듯해지는 건 부모의 노력이 성장과 성숙이라는 아름다운 열매를 맺었기 때문입니다. 성숙한 사람은 독립적인 삶을 이끌어갈 뿐 아니라 목적성을 갖고 자신의 삶을 의미 있는 것으로 끌어갑니다. 간단히 말하면 자아실현을 향해 나아간다는 거죠.

이렇게 커가는 아이를 본다면 얼마나 행복할까요. 내가 한 일들이 얼마나 자랑스러울까요. 저는 상담실에서 이렇게 성숙해가는 아이들을 자주 만납니다. 처음에는 저를 외면하면서 심통을 부리던 아이가 그다음 주에 와서 배꼽 인사를 할 때, 밤새 핸드폰을 하던 아이가 숙제 먼저 하고 핸드폰을 하겠다고 약속할 때의 모습은 늘 저를 감동시킵니다. 계속 몸을 꼼지락거리던 아이가 책상 위에 손을 얹은 채 5분, 10분씩 집중할 때 진심에서 우러나온 칭찬을 하게 됩니다.

우리가 절대 포기하면 안 되는 이유는 아이가 하루하루 앞으로 나아가야 하기 때문입니다. 혼자 멈춰 있거나 뒤로 갈 때 보고만 있으면 안 됩니다. 동생을 본 아이가 우유병으로 우유를 먹으려 할 때 우리는 아이가 퇴행했다는 걸 알 수 있어요. 할 수 있는 게 분명한데도 못 하는 것처럼 굴기 때문이지요. 큰 스트레스가 있을 때 아주 잠깐은 그럴 수는 있지만 더 허용하면 아이의 성장은 심각하게 위협받을 수 있습니다. 이때 부모는 힘들어도 앞으로 가도록 아이를 격려해야 해요. 식사할 때 계속 움직이는 아이를 그대로 두면 학교 급식 시간에 문제를 겪을 겁니다.

개인으로서는 살 만큼 살았고, 알 만큼 안다고 생각했는데 부모로서는 늘 초보 같은 느낌일 거예요. 부모가 되기 전에 나는 꽤 괜찮았던 것 같은데 엄마로서는 왜 이렇게 모르는 게 많은지 믿을 수 없을 정도입니다. 다른 부모들은 여유 있게 하는 걸 혼자 쩔쩔맨다고 생각하면 자괴감과 자책감에 잠을 설칠 수도 있어요. 이때 나침반으로 삼아야 하는 건 아이의 성장입니다.

아이가 혼자서 그림을 완성하지 못하는데 내가 도와주면 아이의 의존심을 키우는 걸까, 아니면 완성을 못 시켜서 자존감이 떨어질까, 시험을 못 보면 다른 애들한테 무시당하지 않을까, 학원에 보내서라도 점수를 잘 받아야 자신감 있게 행동하지 않을까…, 인터넷을 찾아봐도 대답은 천양지차이고, 우리 애에게 맞는 솔루션은 없다는 생각이 듭니다. 혼란스러울 때는 이렇게 생각해보세요. 그림 그리기를 부모가 도와주었을 때 아이는 어떤 결과를 얻을까요? 앞으로 혼자 힘으로 해보려고 애쓸까요? 아니면 시간이 오래 걸리니 그냥 포기하고 말까요? 왜 빨리 그릴 수 없는지 고민할까요? 아니면 부모의 도움을 계속 요청할까요?

부모는 아이의 행동을 관찰하기만 하면 되니 어렵게 생각하지 마세요. 부모가 계속 도와주면, 부모의 도움은 아이의 성장에 방해가 될 수 있습니다. 학원을 보내서 학교 성적은 올랐는데, 그게 또래 관계에 반드시 도움이 되는 건 아니에요. 학교 성적은 올랐지만, 학원 때문에 친구들과 어울리는 시간이 거의 없었다면 아이의 성적과 자존감과 사회성은 상관관계가 없는 거죠. 즉 아이를 성장시키기 위한 진단과 처방이 잘못된 것입니다.

얼핏 보면 책에서 다루는 내용이 아이들의 성장과 무슨 상관인가 하는 부분들도 있습니다. 수줍음이 많아 선생님 질문에 답을 안 하는 건 그럴 수도 있지 않나. 게임에서 져서 화를 내는 건 대부분 아이들이 다 그렇지 않나. 싫은 건 싫다고 말하는 게 감정표현을 잘하는 게 아닐까. 이런 생각이 드는 경우라면 이 행동을 계속 해도 괜찮은가를 생각해보세요. 정말 괜찮은 것이라면 이 행동을 계속 했을 때 문제가 된다면 그 행동은 변화되어야 해요.

선생님 질문에 대답하지 않은 건 몇 번은 그럴 수 있지만, 계속 이런 행동을 보이면, 문제가 있다고 생각할 수 있습니다. 게임에 져서 화내는 모습이 지속되면, 같이 게임을 하자는 아이가 없어지겠죠. 이럴 때는 더 나은 행동을 하도록 방향을 이끌어줘야 합니다. 남들과 다른 개성과 사회적 성숙의 문제는 반드시 분리하여 생각해야 합니다.

초등 입학생을 둔 부모는 누구나 불안해한다는 걸 먼저 이해하세요. 그리고 해야 할 일이 또 있습니다. 아이에게 감정을 표현할 때 적당히 조절해서 표현해야 한다는 겁니다. 불안에 사로잡힌 엄마는 자기도 모르는 사이에 감정을 고스란히 드러냅니다. 준비물을 안 갖고 가거나 숙제를 끝내지 않은 채 학교에 갔을 때, 받아쓰기 연습을 시켰는데도 두 개나 틀려오고, 다시 써보라고 했더니 또 틀렸을 때 재앙처럼 반응할 수 있어요. 받아쓰기 시험에서 백 점을 받지 못하고, 수학 시험에서 세 개 틀린 것이 그렇게까지 화날 일은 아니잖아요. 다 아는데도 미친 듯이 화가 나는 건 너무나 불안하기 때문이에요.

이러다 공부 못하는 애가 되면 어떡하지, 나중에 취업이나 할 수 있을까 이런 생각들이 불현듯 떠오르기 때문이지요. 정리 정돈이 안 된 너저분한 방은 자기 일 하나 깔끔하게 해내지 못하는 아이의 미래와 연결될 때 격렬한 분노로 이어집니다. 표정이 침울해 보이면 자존감이 떨어질 것 같고, 밖에 안 나간다고 하면 사회성이 부족해서 친구를 못 사귀는 것 같고, 울고 들어와서 설명을 못하면 세상 억울한 일은 아이 혼자 다 당할 것 같지요.

이 감정을 아이에게 고스란히 표출하는 건 자연스러운 성장을 방해합니다. 불안은 위험이 임박했음을 알리는 감정인데 엄마가 불안해하면 아이는 학교와 세상을 위험한 곳으로 받아들이기 때문이에요. 지금부터 아이들이 겪는 일은 대부분 일상적으로 익숙해져야 되는 것입니다. 이런 일 모두에 감정적 반응을 하게 되면 아이는 대수롭지 않은 일과 중요한 일을 구별할 수 없어요. 아이들은 부모의 반응을 보고 상황을 이해하기 때문이에요. 엄마 개인의 감정을 그대로 표현하면 아이가 혼란스러워질 수 있다는 것을 꼭 기억하세요.

아이가 초등학교라는 새로운 세상에 들어갈 때, 엄마는 초등학생 부모라는 새로운 단계에 접어들게 됩니다. 아기를 돌보던 단계는 벗어나고 좀 더 큰 아이를 키울 준비가 되어야 해요. 그래야 다가오는 청소년기와 그 이후 시기에 아이와 잘 지낼 수 있어요. 초등학생 엄마가 해주어야 할 것은 좋은 습관을 만들기 위해 반복적인 훈련을 시키는 것이기에 핵심을 꼭 잡고 헤쳐나가기 바랍니다. 엄마는 이제 한 발 뒤로 물러나 아이가 앞으로 나아가게 해주세요.

조선미의 초등생활 상담소

1판 1쇄 2024년 1월 23일
1판 4쇄 2024년 6월 7일

지은이 조선미
펴낸이 김정순
책임편집 배주영
편집 허영수 조창원
마케팅 이보민 양혜림 손아영

펴낸곳 (주)북하우스 퍼블리셔스
출판등록 1997년 9월 23일 (제406-2003-055호)
주소 04043 서울특별시 마포구 양화로 12길 16-9(서교동 북앤빌딩)
전자우편 editor@bookhouse.co.kr
홈페이지 www.bookhouse.co.kr
전화 02-3144-3123
팩스 02-3144-3121

ISBN 979-11-6405-235-6 13590